西樵歷史文化文獻叢書

算迪（三）

（清）何夢瑶 編著

GUANGXI NORMAL UNIVERSITY PRESS
广西师范大学出版社
·桂林·

算迪卷六

嶺南遺書

南海　何夢瑤　報之撰

借根方算法

根即線。方即平方立方諸乘方。借如借衰之借因數有難知者故借以立算比例而得眞數也。不借者眞數借者假數觀下線面體各類便明。然其定位併減乘除帶縱諸法與常法異。必須先明乃得其用故先之

定位表

前	後
眞數	○
根	一
平方	二
立方	三
三乘方	四
四乘方	五
五乘方	六
六乘方	七
七乘方	八
八乘方	九
九乘方	一○

乘數定位以法與實兩數所對之位數相加其加數所

對之方。卽乘得之數。乘法以眞數乘根。仍得根。蓋定位表。根對一。眞數對○。無可加也。如以根乘根。卽得平方。蓋根對一。一與一相加。得二而二所對之表爲平方。故定乘得之數爲平方也。如以根乘平方。卽得立方。蓋根對一。平方對二。一與一相加。得三。而三所對爲立方。故定乘得之數爲立方也。餘倣此。

除法定位。以法實兩數所對之位數相減。其減餘數所對之方。卽除得之數也。如以眞數除根。仍得根。蓋根對一。眞數對○。無可減也。若根以根除平方。卽得根。蓋平方對二。根對一。一與二相減。餘一。而一所對爲根。故定除得之數爲根也。若根除立方。卽得平方。蓋立方對三。一與三相減。餘二。而二所對爲平方。故定除得之數爲平方也。餘倣此。

加法

㈠如有四十二立方。多十三平方。少四根。多十五眞數。如十五尺之類。又有五立方。多十二平方。多一百二十七根。少一百三十五眞數。半。如一百三十五尺五寸。問併得若干。曰併得四十七立方。多二十五平方。多一百二十三根。少一百二十眞數。〇五。

法用格眼粉板。旁列立平根眞字號。以定位。隨對位直列二數。數雖多。不逾本格。如一百二十七根。根字註於本格是也。俱對隨列隨記多少。多者記△。少者記、。列記訖。自上而

併	四十七	△二十五	、一二三	〇五
	〇五	△十二	△一二七	、一三五五
	四二	△十三	、四	△十五
	立方	平方	根	眞數

下逐層併之。同類則相加。△與△、與、為同類。異數則相減。△與、。為異類。先立方格。四十二與五。並為首位。則並為多。蓋首位乃本數。無所少也。為同類。相加得四十七。次平方格。十三與十二同類。併得二十五。次根格。四與一百二十七。異

類相減。餘一百二十三。次眞數格。十五與一百三十五五。異類相減。餘一二〇五。依法併減得數紀於格旁。仍記多少。凡多與多併則得數仍爲多。故次層二十五記△。少與少併。得數仍爲少。少與多減。多數大則得數仍爲多。故三層一二三記△。少數大則得數仍爲少。末層少一百三十五尺五寸。除多十五尺。尚少一百二十尺。五寸也。以直數核之。設根爲二尺。則平方爲四尺。立方爲八尺。左數四十二立方。得三百三十六尺。多十三平方。得多五十二尺。少四根。得少八尺。多十五眞數。得多十五尺。是三百三十六尺。多五十二尺。少八尺。多十五尺。右數五立方。得四十尺。多十二平方。得多四十八尺。多一百二十七根。得多二百五十四尺。少一百三十五眞數半。得少一百三十五尺五寸。是四十尺。多四十八尺。多二百五十四尺。少一百三十五尺五寸。上層併得。三百七十六尺。卽四十七立方之數。次層併得多一百尺。卽多二十五平方之數。三層相減餘多二百四十六尺。卽多一百二十三根之數。末層相減餘一百二十尺〇五寸。卽多一百二十眞數半也

減法

㊀如有四三乘方。多二立方。少四平方。少五根。多八眞數。內減三三乘方。多三立方。少三立方。少七根。少四眞數。問所餘若干。曰一三乘方。少一立方。少一平方。多二根。多十二眞數。

算迪卷六　三　學雅堂校刊

減餘	一△	一丶	一丶	二△	十二△
主	四	二△	四丶	五丶	八△
客	三	三△	三丶	七丶	四丶

三立平根負

列位倣乘法。分主客。逐層對減。同類則相減。異類則相加。○凡多與多減。主數大於客者。則減餘仍爲多。如弟一層是也。凡實首即以多論。後倣此。少與少減。而主數大於客者。則減餘仍爲少。如弟三層是也。若多與多減。而主數小於客者。則反減。而減餘即變爲少。如弟二層。主多二。少於客多三。則所多之二立方減盡。尚須再減一主方。必於上層四个三乘方內。抽出一个立方。入下層。乃足減。是四三乘方少一立方也。故變名爲少。少與少減。而主數少於客者。則亦反減。而減餘即變爲多。如弟四層皆爲少。則於客少七內。減主少五。客尚少二。客之所少。即爲主之所多也。至於多與少。則反相加。而主數多得數仍爲多。如末層主多八。加客少四。爲多十二是也。亦客之所少。卽主之所多之謂也。主數少則得數仍爲少。客之所多。卽主之所少也。此與方程正負併減理同。

乘法

㊀如有二平方少三根與二根多四眞數相乘。問得若干。

曰四立方多二平方少十二根。

法將二數對位根對根也。並列。任以左爲實。右爲法。將實末多四眞數。乘法末少三根。得少十二根。又以四眞數乘法首二平方。得多八平方。法之三根也。實之四眞也。以眞乘根仍得根。則承得之十二。乃根也。餘詳上定位表。次將實首二根乘法末少三根。得少六平方。根乘根得平方也。又將實首二根乘法首二平

得數四

	實	法			
				四▷	
立		二▷	八▷	六丶	二ㄥ
平	二▷	三丶	十二丶		十二丶
	四▷				

方。得多四立方。根乘平方得立方也。併得四立方多二平方少十二根凡多乘多者得數仍爲多如實末。四乘法首。二。得數八。仍名爲多。是也。多乘少者。得數名爲少。如實末多四乘法末少三。得十二。名爲少是也。少乘少者得數則反名爲多。詳下條。

以圖明之

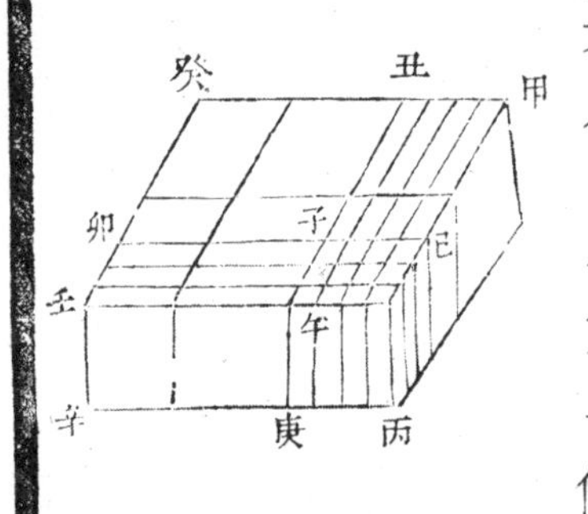

甲丙。爲法二平方丑庚同己丙爲法少三根子庚同庚辛爲實二根丙庚爲實多四眞數以法甲丙卽二平方。乘實丙辛。卽二根多四眞數。成甲辛扁方體。丙丑辛扁方體。

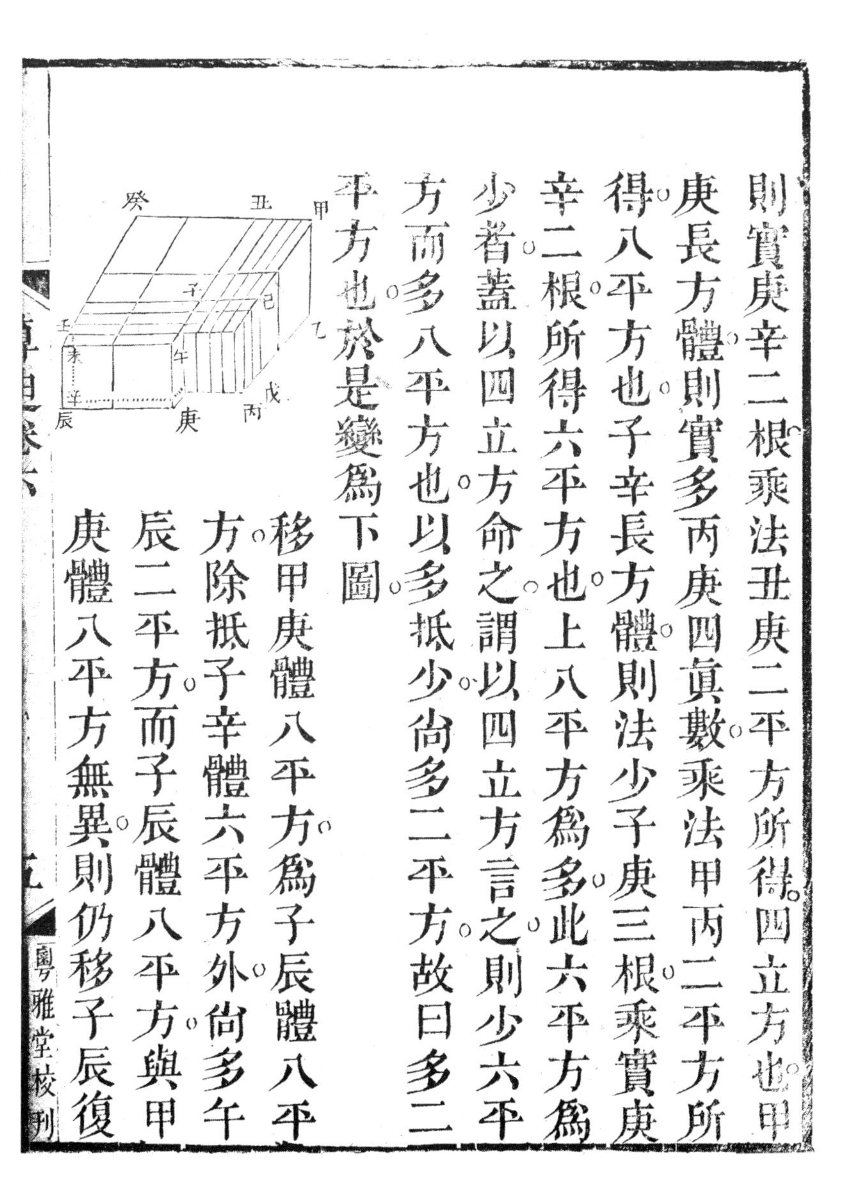

則實庚辛二根乘法丑庚二平方所得四立方也甲庚長方體則實多丙庚四眞數乘法甲丙二平方所得八平方也子辛長方體則法少子庚三根乘實庚辛二根所得六平方也上八平方爲多此六平方爲少者蓋以四立方命之謂以四立方言之則少六平方而多八平方也以多抵少尚多二平方故曰多二平方也於是變爲下圖

移甲庚體八平方爲子辰體八平方除抵子辛體六平方外尚多午辰二平方而子辰體八平方與甲庚體八平方無異則仍移子辰復

爲甲庚。而成甲庚子卯癸丑罄折體。又已庚體則法少已丙三根。乘實多丙庚四眞數。所得之十二根也。謂之少者。前四立方體。既變爲今罄折體。故又據罄折體而言。其與正法較。則正法少於罄折體十二根也。正法者。法帀丙二平方。減所少已丙三根。止得甲戊。乘實二根多四眞數。合爲丙辛。所得之甲乙已戊卯癸體也。以數明之。設根爲五。則一平方爲二十五。一立方爲一百二十五。法數二平方得五十。少三根得少十五。實得三十五。實數二根。得一十。多四眞數。共得十四。法實相乘。得四百九十。即四立方。五百多二平方。五十少十二根。六十之數也。正法當如此。今以實二根。共十。乘法二平方。共五十。得四立方。共五百。是即以十乘五十。而得五百也。以實二根。共十。乘法少三根。共十五。而得少六平方。共一百五十。是即以十乘少十五而得少一百五十也。以實多四眞數。乘法二平方。共五十。得多八平方。共二百。是即以四乘多五十而得多二百也。以實多四眞數。乘法少三根。共十五。而得少十二根。共六十。是即以四乘少十五而得少六十也。合之爲五百少一百五十。多二百。又少六十。除以多抵少外實五百多五十。少六十。與正法相乘得四百九十。相合。

㊁如有一根少一眞數。以一根少二眞數乘之。問得若干。

曰一平方少三根多二眞數。

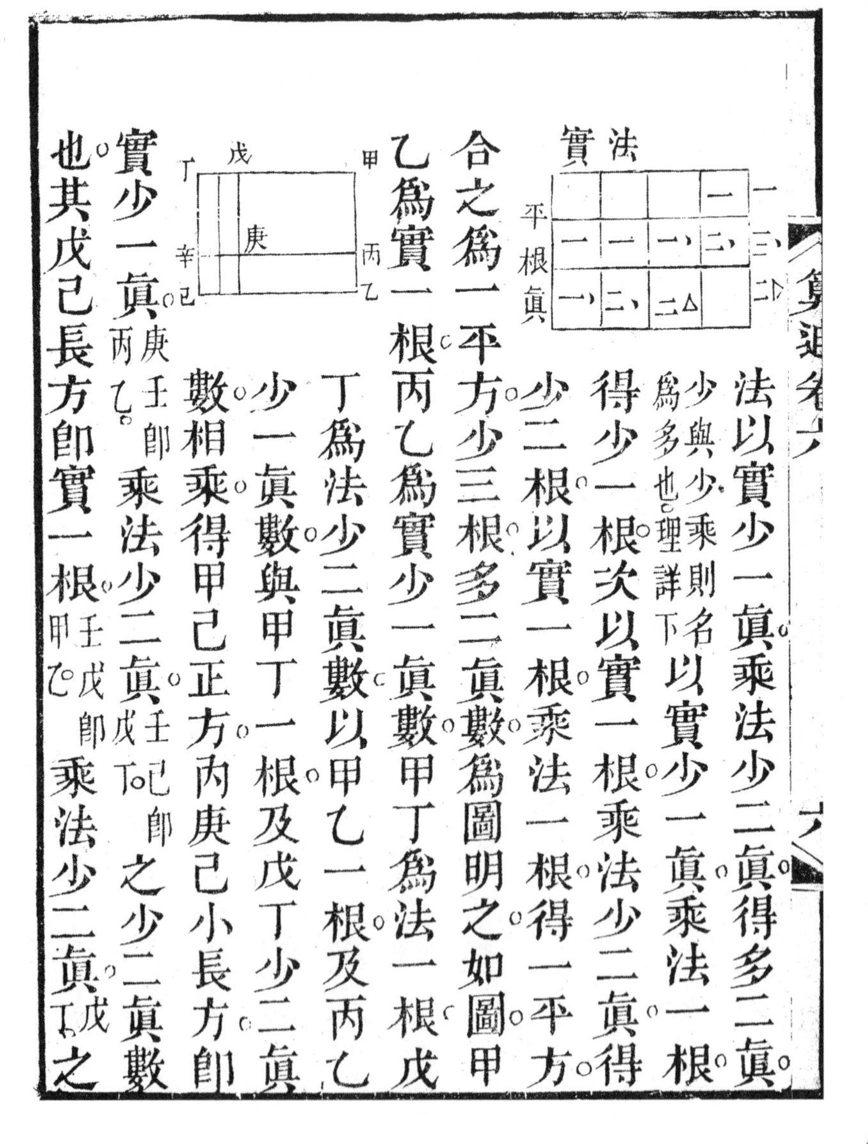

算迪卷六　六

法以實少一眞乘法少二眞得多二眞。少與少乘則名爲多也。理詳下以實少一眞乘法一根得少一根。次以實一根乘法少二眞得少二根。以實一根乘法一根得一平方。

實　法

平				一	一
根	一	一	一、	二、	三、
眞	一、	二、	二△		二△

合之爲一平方少三根多二眞。數爲圖明之如圖甲乙爲實一根。丙乙爲實少一眞數。甲丁爲法一根。戊丁爲法少二眞數。以甲乙一根及丙乙少一眞數與甲丁一根及戊丁少二眞數相乘得甲己正方。內庚己小長方即實少一眞庚壬即丙乙。乘法少二眞壬己即戊丁之少二眞數也。其戊己長方即實一根壬戊即甲乙乘法少二眞戊丁之

少二根也。其丙己長方。即實少一眞（丙乙）乘法一根（乙己）即甲丁。之少一根也。其甲己正方。即實一根（甲乙）乘法一（甲丁）之一平方也。合之爲甲己一平方而少丙己一根。又少戊己二根。而多庚己二眞數。實甲庚一長方蓋甲己正方內。既減丙己一根。又減戊己二根。是重減去庚己二眞數也。則甲庚長方內必缺二眞數。故將實少一眞乘法少二眞。所得之二眞數。預定爲多號。以補重減之分也。

除法

（一）如有十五三乘方。多十一立方。少十六平方。多四十三限少三十五眞數。以五平方少三根多七眞數爲法

除之問得若干　曰三平方多四根少五眞數
列實於左列法於右法首與實首相齊法之眞數用
得數　平根眞　三　四　五　圈圈記將得數
法　五　、三　▷㊆　首位紀於其旁
實　十五　▷十一　、十六　▷四三　、三五　此定位法查眞
乘得十五　、九　▷　▷三　數所對之實係
減餘實○　▷廿　、廿七　▷四三　、三五　何名卽得數首
乘得　廿　、十二　▷二八　位亦同其名如
減餘實　○　、三五　▷十五　、三五　此條法眞七所
乘得　、三五▷　十五　、三五　對實十六乃平
方則得數首位三亦平方也餘照定位表

除法。先將法首五平方。歸除實首十五三乘方。得初商三平方。（五一倍作二。逢五進一也。常法有歸無除則起上位一。還下位五。初商止得二平方。此不然者。以無除則於下位聲明少若干。故不必有歸有除也。）即書商三於法眞數之旁。隨以所商三平方乘法首五平方得十五三乘方。（多少之號從乘法。下倣此。）又乘法少三根得少九立方又乘法多七眞。得多二十一平方。錄之實左與實對減十五三乘方恰減盡。餘實多十一立方與乘得之少九立方。查係異類則相加得多二十立方（以多少之號。則從減法。後倣此）又除實少十六平方與乘得之多二十一平方亦係異類相加。得少三十七平方。計餘實多二十立方少三十七平方多四十三根少三十五眞以待次商將法首五平方歸除實首位多二十立方得次商多四根此多少之號亦從乘法後倣此將次商四書於初商三之下隨以所商多四根乘法首五平方得多二十立方又乘法少三根得少十二平方又乘法多七真數得多二十八根錄餘實左與餘實對減二十立方恰減盡餘實少三十七平方減餘二十五平方餘實多四十三根減餘多十五根計餘實少二十五平方多十五根少三十五真數以待三商　又以法首五平方歸除餘實首位少二十五平方得三商少五真數書於次商之下隨以三商少五真數乘法首五平方得少二十五平方又乘法少三根得多十五根又乘法多七

眞數得少三十五眞數與餘實對減恰盡。以數明之如以根爲二則平方爲四立方爲八三乘方爲十六原實十五三乘方得二百四十多十一立方得多八十八少十六平方得少六十四多四十三根得多八十六少三十五眞數合而言之是二百四十而多八十八少六十四多八十六少三十五共爲三百一十五法數五平方得二十少三根得少六多七眞數是二十少六多七爲二十一除之得十五即十二多八少五蓋十二乃初商三平方之數多八乃多四根之數少五即少五眞數也　此不爲圖詳下帶縱立方按根方除法俱法小實大者若法大實小如法爲三平方多九根實爲眞數三十之類則惟以三平方爲法除三平方得一平方除九根得三根除實三十得一十見一平方多三根與十眞數等此蓋根爲二平方爲四也三平方爲十二九根爲十八合之得三十則一平方爲四三根爲六合之得一十也問獨用三平方爲法不兼九根何也曰方與根之比例亦必十與一也故九根非十分平方之九而不可用也而欲求每根之數若干則詳下文帶縱法

帶縱平方

㊀如有一平方甲己多二根戊丙與二十四尺甲丙相等問每根若干　曰四尺

法以二十四尺爲甲丙長方積以戊己二根卽爲縱

多戊丁二尺。用帶縱較數開平方法算之。四因二十四尺，加較二尺自乘數，乃開之。得和甲丁，減較戊丁二尺，餘甲戊四尺，卽一根之長也。

丁　戊　甲

丙　已　乙

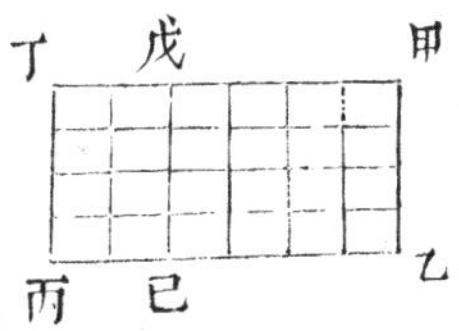

此法錯綜其名則有四種。一平方多二根與二十四尺相等，一也。如二根多一平方亦必二十四尺相等，二也。若於一平方多二根與二十四尺各減去二根，則爲一平方與二十四尺少二根相等，三也。又如一平方多二根與二十四尺各減去一平方，則爲二根與二十四尺少一平方相等，四也。四者名雖不同，而皆以眞數比一平方多根，故知爲較數帶縱。以平方爲主，多根爲帶縱。縱比廣爲多，故爲較數也。而每根之數爲長方之闊也。蓋所求乃平方之根也平方根即長方之闊。

㊁如有甲己一平方。少丁己四根。與甲丙四十五尺相等。問每根若干。曰九尺。

甲　丁　戊

乙　丙　己

法以四十五尺。為甲丙長方積。以丁己四根。即為縱多丁戊四尺。用帶縱較數開平方法算之。倣上條開之。得甲乙與乙丙和十四尺。加丙己較四尺。折半得甲乙九尺。即一根之長也。此法錯綜其名亦有四種。倣上條論之。一平方。少四十五尺。與四根。等二也。一平方。與四十五尺。多四根。等三也。一平方。與四根多四十五尺。等四也。皆以真數比平方少根。故知為較縱。而每根之數。為長方之長也。

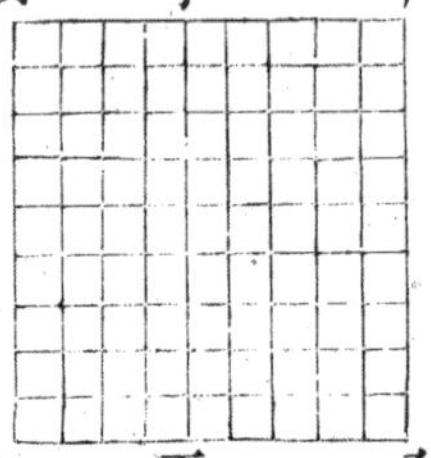

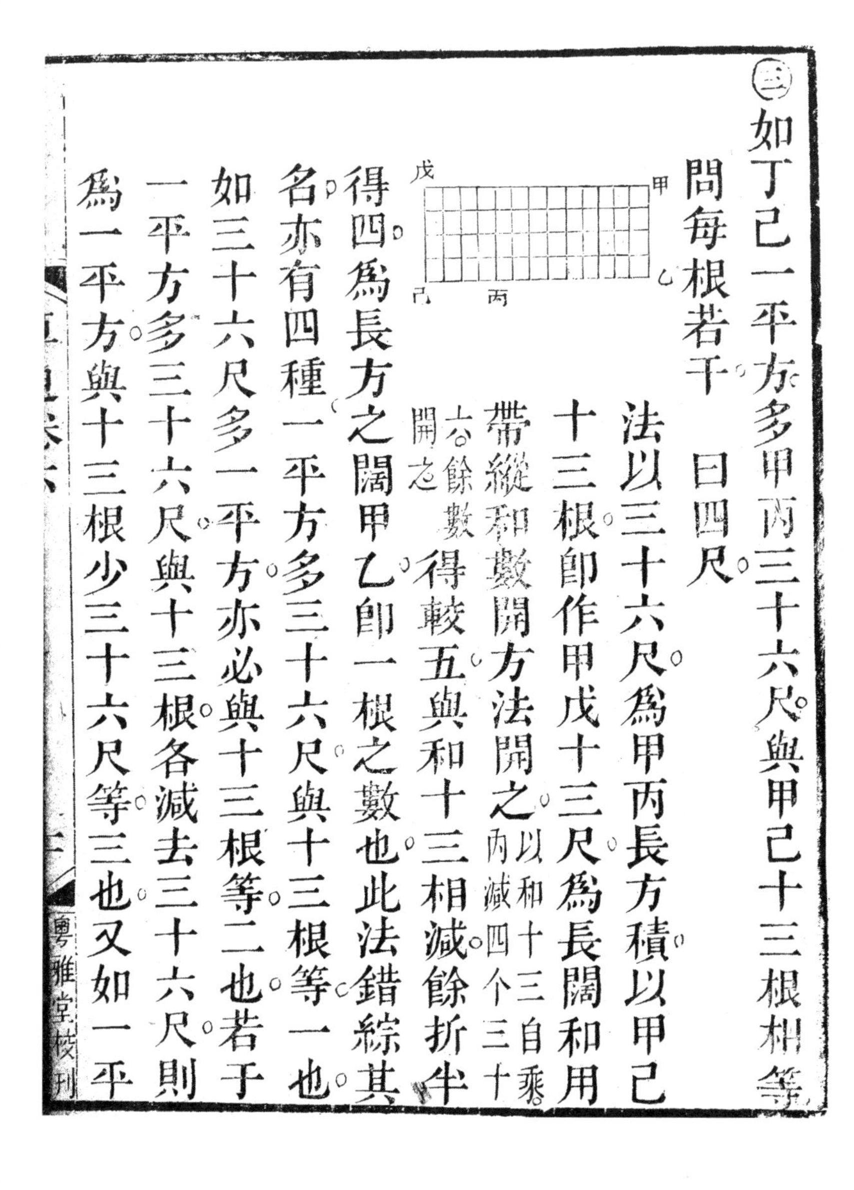

㊂如丁己一平方多甲丙三十六尺與甲己十三根相等問每根若干　曰四尺

法以三十六尺爲甲丙長方積以甲己十三根卽作甲戊十三尺爲長闊和用帶縱和數開方法開之以和十三自乘內減四个三十六餘數開之得較五與和十三相減餘折半得四爲長方之闊甲乙卽一根之數也此法錯綜其名亦有四種一平方多三十六尺與十三根等一也如三十六尺多一平方亦必與十三根等二也若于一平方多三十六尺與十三根各減去三十六尺則爲一平方與十三根少三十六尺等三也又如一平

方多三十六尺與十三根各減去一平方則爲三十六尺與十三根少一平方等四也四者名雖不同而皆爲以眞數比根少一平方前三者雖不言少一平方而不言多平方則亦少也故知其爲和止言十三根則不能分丁己四根爲平方甲丙九根爲帶縱故圖圖爲和而每根之數卽闊也下條同論

四

如丁己一平方多甲丙三十二尺與甲己十二根相等問每根若干　曰八尺

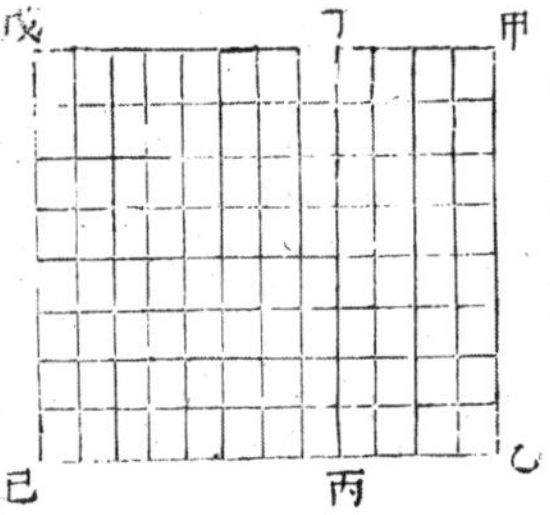

戊　丁　甲
己　丙　乙

法以三十二尺爲甲丙長方積以甲己十二根作甲戊十二尺爲長闊和用帶縱和數開平方法開之以和十二尺自乘內減四个三十二尺餘數開

之。得較四。與和十二尺相加。折半得八。爲得長方之長。甲乙卽一根之數。

帶縱立方

如有一立方多三根與三十六尺相等。問每根若干。

曰三尺。

將三十六尺。照開立方法列實記點。初商三尺。自乘再乘。得甲乙丁戊己丙立方積二十七尺。又以初商三尺乘多三根。得多乙壬庚辛戊丁九尺。相加得三十六尺。與實相減恰盡。知每根爲三尺也。不盡則有次商法。詳下條。有取畧

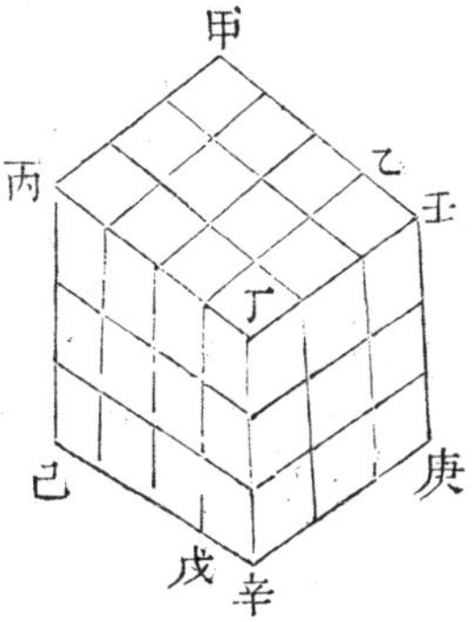

小之數爲初商者。必所帶之根太多故也。詳下第五條。　此條之能成壬辛甲己長方者。以恰多三根故也。若止二根或四根。則不能成長方形而成磬折形矣。如下圖。

甲乙丁戊己丙立方也。乙午庚辛丑子多二根也。合之成磬折形。多四根者可推明此。則不必復爲圖。故下各條不具。　按上除法條。原實十五三乘方多十一立方。少十六平方。多四十三根。少三十五。眞數與三百一十五相等。與下文第七條同。故不爲圖。

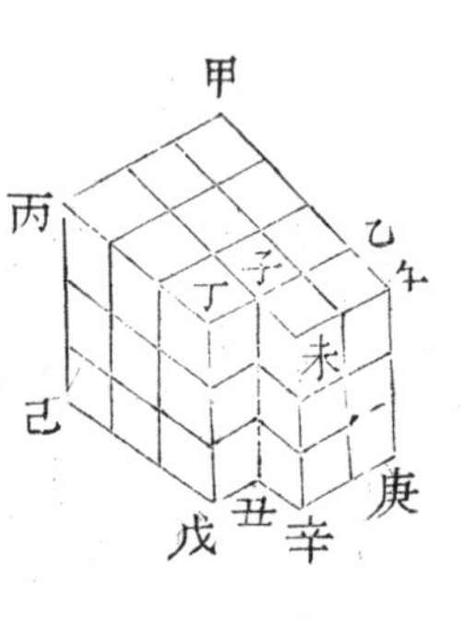

㊁如有一立方。少九根。與一千六百二十尺相等。問每根若干。　曰一十二尺

法列實一千六百二十尺。記點。初商十尺。自乘再乘得立方積一千尺。又以初商十尺乘九根。得九十尺二數相減。初商每根十尺。因少九根。當減九十尺也。餘九百一十尺。與原實相減。餘七百一十尺。為次商積。　次商法以初商十尺自乘之一百尺。三因之。立方廉有三也。得三百尺。為立方廉。內減根數九。餘二百九十一尺。為次商廉法。以除次商積。足二倍。卽定二尺。為次商。次商每根二尺。因少九根。當減十八尺也。合初商共十二尺。自乘再乘。得立方積一千七百二十八尺。又以十二尺乘九根。得一百〇八尺。二

數相減餘一千六百二十尺與原實相減恰盡是開得一十二尺爲每根之數也此法以積計之爲一正方體少九根之數以邊計之則每根之數卽正方體之邊也　此亦磬折形　有取畧大之數爲初商者因所帶之根太少故也詳下弟四條

㊂如有一立方多四平方與二千三百〇四尺相等問每根若干　曰十二尺

法列實記點初商十尺自乘再乘得立方一千尺又以初商十尺自乘得一百尺一平方積以乘多四平方得多四百尺二數併得一千四百尺與原積相減餘九百〇四尺爲次商積而以初商之十尺自乘一百尺

三因之得三百尺為立方廉又以初商之十尺倍之得二十尺（平方有二廉也）以多四平方因之得八十尺為四平方廉二數相併得三百八十尺為次商廉法以除次商積足二倍即定二為次商合初商共十二尺自乘再乘得一千七百二十八尺為立方積又以十二尺自乘得一百四十四尺（一平方積）乘多四平方得五百七十六尺二數相併共二千三百〇四尺與原實相減恰盡是開得一十二尺為每根之數也此法以積計之為一正方體及四平方之共數以邊計之則每根之數即正方體之每邊亦即平方面之每邊也

此因正方體之外多四平方故成長方體

四

如有一立方。少八平方。與七千九百三十五尺相等。問每根若干。

曰二十三尺

法列實記點。應初商十尺。因所帶平方爲少號。故取畧大之數。爲初商二十尺。自乘再乘得立方積八千尺。八千尺立方積也。七千九百三十五尺。則立方內減去八平方所餘積也。初商乃立方邊。從立方積商。故商二十尺。又以初商二十尺。自乘得四百尺。爲一平方積。乘多八平方。得三千二百尺。與立方積八千尺相減。餘四千八百尺。與原積相減。餘三千一百三十五尺。爲次商積。而以初商二十尺自乘之四百尺。三因之。得一千二百尺。爲立方廉。又以初商之二十尺。倍之。得四十尺。乘多八平方。得三百二十尺。爲八平方廉二數相減餘八百八十尺為次商廉法以除次商積足三倍定三尺為次商合初商共二十三尺自乘再乘得一萬二千一百六十七尺為立方積又以二十三尺自乘得五百二十九尺為一平方積乘多八平方得四千二百三十二尺二數相減餘七千九百三十五尺以減原實恰盡是開得二十三尺為每根之數也此因正方體內少八平方故成扁方體

㊄如有一立方多十三平方多三十根與二萬七千一百四十四尺相等問每根若干　曰二十六尺

法列實記點應初商三十尺以所帶方根皆為多號則須於原實多減餘實不足商三十尺故取畧少之

數二十尺爲初商自乘再乘得立方積八千尺又以初商二十尺自乘得四百尺乘多十三平方得五千二百尺又以初商二十尺乘多三十根得六百尺三數相加得一萬三千八百尺與原實相減餘一萬三千三百四十四尺爲次商積　次商法以初商二十尺自乘之四百尺三因之得一千二百尺爲立方廉又以初商二十尺倍爲四十尺乘多十三平方得五百二十尺爲十三平方廉與立方廉相加得一千七百二十尺又加多三十根共一千七百五十尺爲次商廉法以除次商積足七倍因取畧少之數爲次商六尺合初商共二十六尺自乘再乘得一萬七千五

百七十六尺。爲立方積。又以二十六尺自乘得六百七十六尺。乘多十三平方得八千七百八十八尺。又以初次商共二十六尺乘多三十根得七百八十尺。三者相併共二萬七千一百四十四尺。與原積相減恰盡。是開得二十六尺。爲一根之數也。此恰成長方體。試將所多之十三平方。内十平方相疊附于正方體之旁。又以三平方相疊。附于正方面之上。卽成磬折形體。此長方體。爲長缺十。高缺三。又以三十根補其折缺處分三層。每層十根。卽成長方體。其闊二十六尺卽一根之數。其長三十六尺。内二十六尺。乃一根之數。餘十尺。則十平方相疊之數也。其高三十九尺。内二十六尺。乃一根之數。餘三尺。則三平方相疊之數也。

⑥如有一立方。少七平方。少八根。與七千〇八十四尺相等。問每根若干。曰二十二尺

法倣上條。惟取畧大之數。爲初商。所乘各數。彼條以多而相加。此條以少而相減耳。此成罄折形

⑦如有一立方。多一平方。少二十根。與三萬三千一百五十二尺相等。問每根若干。曰三十二尺

法倣上條。此條所帶有多有少。乘得之數。多則相加。少則相減。亦罄折形

⑧如有一立方。少三平方。多二根。與一萬二千一百四十四尺相等。問每根若干。曰二十四尺

法倣上條。亦罄折形。已上八條。總只一法。雖有小

異。要不害爲大同也。

⑨如有四十平方少一立方與五千六百二十五尺相等。問每根若干。　曰十五尺

法置四十平方少一立方與五千六百二十五尺俱以四十除之得一平方。（以四十除四十平方。得一平方也。）少四十分立方之一分（如一立方爲一千尺。以四十分分之得每分二十五尺。）與一百四十尺六十二寸五十分。（此爲五千六百二十五尺。四十分之一分。）相等（此於原問四十分。先求一分也。）乃以一百四十尺六十二寸五十分爲實。如法列之。照開平方法記點初商十尺自乘得平方一百尺。（先求平方。後乃求所少立方之數也。）又以初商十尺自乘再乘得立方一千尺以四十分除一千尺得二十五尺。

為少四十分立方之一分。與平方積一百尺相減餘七十五尺。與實一百四十尺六十二寸五十分相減。餘六十五尺六十二寸五十分。為次商積。而以初商之十尺。倍之得二十尺。為平方廉。又以初商之十尺。自乘得一百尺。三因之。得三百尺。為立方廉。以四十除之。得七尺五寸。為四十分立方之一之廉。與平方廉二十尺相減。餘十二尺五寸。為次商廉法。以除次商積。足五倍。定五為次商。合初商共十五尺。自乘得平方積二百二十五尺。再乘得立方積三千三百七十五尺。以四十除之。得八十四尺三十七寸五十分。為四十分立方之一之積。與平方積相減。餘一百四十尺六十二寸五十分。與實相減恰盡乃以一平方積二百二十五與四十相乘得九千尺爲四十平方積內減一立方積三千三百七十五尺與原積五千六百二十五相合是開得一十五尺爲每根之數也

此因四十平方內少一立方卽如少十五平方。每邊十五尺故十五平方卽一立方體。餘二十五平方爲長方體也

按此法似異而與上八條亦究歸一理耳卽推之多乘方亦莫不皆然再詳於後

（十）如有一三乘方多二平方與二萬一千〇二十四尺相等問每根若干　列實照三乘方法記點初商十尺以初商十尺自乘再乘三乘得一萬尺爲三乘方積

又以初商十尺自乘得一百尺乘多二平方得二百尺二數相加得一萬〇二百尺與原實相減餘二萬〇八百二十四尺爲次商積　次商法以初商十尺自乘再乘得一千尺以廉率四因之得四千尺（並詳三乘方第一廉法）爲三乘方廉又以初商十尺倍之得二十尺乘多二平方得四十尺二數相加得四千〇四十尺爲次商廉法以除次商積足二倍定二尺爲次商合初商共十二尺自乘三次得三乘方積二萬〇七百三十六尺又以十二尺自乘之一百四十四尺乘多二平方得二百八十八尺二數相加得二萬一千〇二十四尺與原實相減恰盡是開得十二尺爲每根

之數也

又法先用帶縱平方法開一次以多二平方作二尺爲縱多折半得一尺爲半較自乘仍得一尺與原積相加開平方得數爲半和減半較一尺餘用平方法開得平方邊即根數也蓋三乘方多平方之積與根自乘爲闊闊加多平方之數爲長長闊相乘之長方積等如根爲二尺平方爲四尺立方爲八尺三乘方爲十六尺合一三乘方之十六尺多二平方之八尺共積二十四尺而根二尺自乘得四尺爲闊闊加多二平方作多二尺共六尺爲長長六尺闊四尺相乘亦得二十四尺是相等也作圖明之

三乘方之積甲乙十六尺乃四个甲己平方也與根二尺自乘之甲己平方改爲戊丁長方自乘爲甲乙

十六尺等。其所多乙丙二根與乙丁四尺乘丁丙二尺亦等。故以甲辛爲長方用帶縱法開得正方之甲丁邊

四尺。又將甲丁邊四尺爲實開得甲己方根甲庚二尺也

（十一）如有一千平方少一三乘方與一十二萬三千二百六十四尺相等。問每根若干　曰一十二尺

法以一千平方少一三乘方與一十二萬三千二百六十四尺俱以一千除之。得一平方少一千分三乘方之一與一百二十三尺二十六寸四十分相等。乃以一百二十三尺二十六寸四十分爲實。按平方法

記點初商十尺自乘得平方積一百尺又以初商十尺自乘三次得一萬尺爲三乘方積以一千除之得十尺爲一千分三乘方之一與平方積一百尺相減餘九十尺與實相減餘三十三尺二十六寸四十分爲次商積而以初商十尺倍得二十尺爲平方廉又以初商十尺自乘再乘四因之得四千尺爲三乘方廉以一千除之得四尺爲一千分三乘方之一之廉與平方廉相減餘十六尺爲次商廉法以除次商積足二倍定次商二尺合初商共一十二尺自乘得一百四十四尺爲平方積又以十二尺自乘三次得二萬〇七百三十六尺爲三乘方積以一千除之得二

十尺〇七十三寸六十分。與平方積相減。餘一百二十三尺。二十六寸四十分。與實相減恰盡。餘倣上法。

又法先用帶縱平方法開一次。以一千平方作一千尺爲和。折半得五百尺爲半和。自乘得二十五萬尺。與原積相減。餘十二萬六千七百三十六尺開方得三百五十六尺。爲半較。與半和相減。餘一百四十四尺。再用平方法開得一十二尺。即每根之數。蓋平方少三乘方之積。與根自乘爲闊。闊與平方數相減爲長。所作之長方積等也。

（十二）如有一五乘方。多四立方。與一億一千三百四十二萬二千四百九十六尺相等。問每根之數。　曰二十二尺。　法倣弟十條。

又法。用帶縱平方開之。以多四立方作四尺。爲縱多折半得二尺爲半較。自乘得四尺。與積相加開平方得數。內減半較二尺。因立方爲多號。故減。若爲少號則加也。上下條倣此。餘爲立方積開立方得二十二尺。即每根數也。蓋五乘方與多立方與根自乘再乘爲闊。闊加多立方數爲長。所作之長方積等也。如根爲二尺。則平方爲四尺。立方爲八尺。三乘方爲十六尺。四乘方爲三十二尺。五乘方爲六十四尺。加一个六十四尺。加四十八尺。共得九十二尺。與以八尺爲闊。闊加四尺。共十二尺爲長。相乘。亦得九十二尺。相等也。

（十三）如有一萬立方。少一五乘方。與一千一百五十三萬八千四百三十九尺相等。問每根數。　曰十一尺。

法倣第十一條。

線類

一如有銀十五兩。分給衆匠。其爲首一人所得銀數與衆匠人數等。衆匠每人得銀一兩五錢。問爲首得銀若干。

口六兩。

正法。以每人一兩五錢。加一兩。爲首者所得銀數。既與衆匠相等。則將爲首者所得銀。分給衆匠。每人必多得一兩矣。共二兩五錢。爲法。歸除總銀十五兩。得數。此法則借一根。爲首匠銀數。首匠銀數六兩。因不知其數。故借一根以當之。亦即爲衆匠人數。亦以一根當六人。乃以衆匠人數一根。乘每人一兩五錢。得一根半。爲衆匠銀數。六人每人一兩。得六兩。以首匠六兩爲一根例之。得一根。又每人五錢。得三兩。爲半根。與首匠銀數一根相加。得二根半。與十五兩等。以二根半除十五兩。得每根六兩。此歸除法。

㈡如有繩二條。不言丈數但知其長短之比爲九與五。其相差之較與短繩除長繩所得之數等。問各長。　曰長繩四丈○五寸。短繩二丈二尺五寸。此歸除法。法借九根爲長繩之數五根爲短繩之數兩數相減餘四根爲相差之較。以短五根除長九根得一八。爲一丈八尺是爲相差之較。四根與短除長所得一丈八尺相等。隨以四根除一丈八尺見每根與四尺五寸相等。以九因之得長繩數。此亦歸除法。

㈢如甲乙丙三人有銀不言數。但知甲乙共銀五兩。乙丙共銀七兩。甲丙共銀六兩。問各銀若干　曰甲二兩。乙三兩。丙四兩。

正法合三數。得十八兩。以二歸之。得總銀九兩。甲二乙三丙四。合得總銀九兩。今甲二其二。乙二其三。丙二其四。則得十八兩。為二其總銀矣。故以二除之也。今此法則借一根為三人之總數。以甲乙共五兩計之。則甲為一根少三兩。以乙丙共七兩計之。則甲為一根少七兩。以甲丙共六兩計之。則乙為一根少六兩。併三數為三根少十八兩。與所借總數一根相等。總數一根為九兩。三根則二十七兩。除所少十八兩。餘亦九兩也。三根少十八兩與一根各加十八兩。則為三根與一根多十八兩相等。三根與一根相減。餘二根。則為二根與十八兩相等。以二根除十八兩。得一根等九兩。此加減法、

㈣如前數。但知甲乙共銀。比丙多一兩。乙丙共銀。比甲多

五兩甲丙共銀比乙多三兩。問各銀。其正法則以甲乙多丙一兩與乙丙多甲五兩相併得六兩折半即得乙銀三兩。爲圖明之

右行於甲乙五內。減丙四餘一。左行於乙丙七內減甲二餘乙三丙二移左丙二填右乙二得左右皆乙三。故折半得乙又以乙丙多甲五兩與甲丙多乙三兩相併得八兩折半得丙銀四兩再以乙三丙四相併得七兩內減乙丙多甲五兩得甲銀二兩此法則借二根爲三人總銀數。每根四兩半也。以甲乙共銀比丙多一兩計之則甲乙爲一根多五錢。一根四兩五錢再加五錢。合甲乙共數丙爲一根少

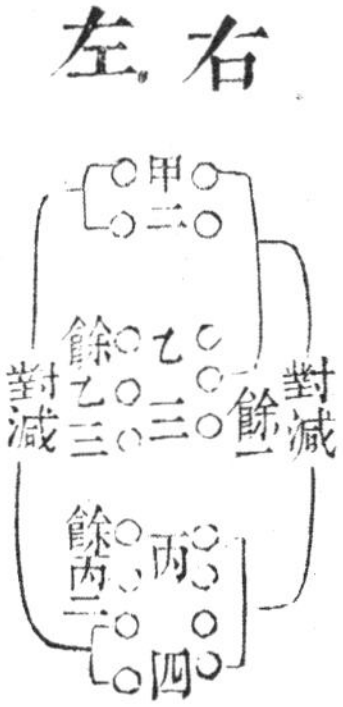

右

左

五錢丙銀四兩比一根爲少五錢。又以乙丙共銀比甲多五兩計之則乙丙爲一根多二兩五錢甲爲一根少二兩五錢又以甲丙共銀比乙多三兩計之則甲丙爲一根多一兩五錢乙爲一根少二兩五錢乃以三少數相加得三根少四兩五錢與所借二根相等兩邊各加四兩五錢則爲三根與二根多四兩五錢相等兩邊又各減二根則餘一根與四兩五錢相等而二根必與九兩相等爲三人總銀數矣乃於四兩五錢內減五錢餘四兩即爲丙銀數若減一兩五錢餘三兩即爲乙銀數　按此法以甲乙多丙之數半之爲丙所少數與乙丙多甲之數半之爲甲所少數加入甲丙多乙之數半之為乙所少數。以求出總銀之半。然後減乙所少（一兩五錢）。餘為乙銀（三兩）。正法則但以甲乙多丙、乙丙多甲二數全用。不加甲丙多乙之數。而折半得乙銀（三兩）。蓋既不加甲丙多乙之數。即不用減乙所少數也。一而已矣。（此加減法。）

（五）如有銀賞人。不言銀數人數。但知弟一人得一兩。又得餘銀十分之一。弟二人得銀二兩。又得餘銀十分之一。以下賞數皆準此例。惟末一人無餘銀可得。然所得之銀皆相等。問人數及銀數。　曰九人。銀八十一兩。此惟人數與每人所得銀數相等者。（九人每人得九兩也。）每人所得遞加一兩。又各加餘銀幾分之一。所得始能相等。如此條弟一人得一兩餘銀八十兩。十分取一。又得八兩。合之得九兩。弟二人得二兩。餘銀七十兩。十分取一。又得七兩。合之亦得九兩。故相等也。故正法以分母十與分子一相減餘九即為人數自乘即得總銀八十一兩也。此類人數。皆視分母少一。故減分子一。便是。此法則借一根為弟一人所得餘銀十分一之數。八兩。則一兩多一根為弟一人所得總銀數。共九兩也。又弟一人得餘銀十分之一。則餘銀必為十根減去弟一人所得一根。仍餘九根。再於九根內減去弟二人所得之二兩。餘為九根少二兩。以九根少二兩取其十分之一。得十分根之九少二錢。加所得二兩。為二兩多十分根之九少二錢。與弟一人所得之一兩多一根相等。一兩多一根。與二兩多十分根之九少二錢。各加二錢得一兩二錢多一根。與二兩多十分根之九相等。多一根與十分根之九各減十分根之九餘一兩二錢。多十分根之一。與二兩相等。一兩二錢與二兩。又各減一兩二錢。則餘十分根之一與八錢相等十分根之一。既與八錢相等。則一根必與八兩相等即弟一人所得餘銀十分一之數。乃以十因之得八十兩。又加弟一人所得之一兩。知總銀為八十一兩也。此加減法。

⑥如路長二千八百里。步行則日七十里。舟行則日九十里。乘馬則日一百里。但知步行日數倍於舟行舟行

日數倍於乘馬問各日數里數。曰步行二十日一千四百里舟行十日九百里馬行五日五百里法借一根爲乘馬日數則舟行之日爲二根步行之日爲四根以一根與一百里相乘得一百根爲馬行里數以二根與九十里相乘得一百八十根爲舟行里數以四根乘七十里得二百八十根爲步行里數併三數得五百六十根與二千八百里相等歸除得一百根與五百里相等前既以一百根爲馬行里數則與一百根相等之五百里卽馬行里數矣以馬日行百里除之得馬行五日倍之得十日爲舟行日數以每日行九十里乘之得九百里爲舟行里數以舟

行十日倍之得二十日爲步行日數以日行七十里乘之得一千四百里爲步行里數此遞加比例法用借衰互徵法算之亦可

⑦設如一驢一馬一車共馱載一千五百二十斤馬所馱之數倍於驢仍多四十斤車所載之數倍於馬驢共馱之數却少四十斤問驢馬車各馱載幾何

法借一根爲驢所馱之數則馬爲二根多四十斤車爲六根多四十斤驢馬數相併得三根多四十斤倍之爲六根多八十斤內減去少四十斤則爲六根多四十斤也三數相加得九根多八十斤是爲九根多八十斤與一千五百二十斤相等多八十斤與一千五百二十斤各減去八十斤則餘九根與一千

四百四十斤相等。九根既與一千四百四十斤相等。則一根必與一百六十斤相等。卽驢所馱之數。此按數加減比例法。用借衰互徵法算之亦可。

(八)設如有銀三百八十五兩。令十一人挨次遞加三兩分之。問每人各得若干。可照遞加遞減差分法算之。

法借一根。爲第一人所得銀數。以十一人乘之。得十一根。又以第一人至第十一人遞加三兩計之。共得多一百六十五兩。是爲十一根多一百六十五兩。與三百八十五兩相等。十一根多一百六十五兩。與三百八十五兩各減一百六十五兩。則餘十一根。與二百二十兩相等。十一根既與二百二十兩相等。則一

根必與二十兩相等。卽弟一人所得銀數。此按數加減比例法

(九)設如有銀四百七十四兩。今十二人挨次遞加分之。但知弟一人得銀一十二兩。問每人各得若干

法借一根爲每人遞加之數。以弟一人至弟十二人。遞加一根計之。則得六十六根。再以十二兩與十二人相乘。得一百四十四兩。是爲六十六根多一百四十四兩。與四百七十四兩相等。六十六根多一百四十四兩。與四百七十四兩。各減去一百四十四兩。則餘六十六根。與三百三十兩相等。六十六根既與三百三十兩相等。則一根必與五兩相等。卽每人遞加之數。此按數加減比例法

（十）設如一人借銀營利三次每次得利之後則還銀二百四十兩復以餘銀作本其每次所得利銀皆與每次本銀相等至弟三次還銀後則銀盡無餘問原借銀若干

法借一根爲原借本銀數則弟一次利銀亦爲一根是本利共二根除還銀二百四十兩則初次餘銀卽爲二根少二百四十兩再以二根少二百四十兩爲弟二次本銀數加弟二次利銀則爲四根少四百八十兩除還銀二百四十兩則弟二次餘銀卽爲四根少七百二十兩再以四根少七百二十兩爲弟三次本銀數加弟三次利銀則爲八根少一千四百四十

兩除還銀二百四十兩則弟三次餘銀當爲八根少一千六百八十兩八根少一千六百八十兩而銀盡無餘卽八根與一千六百八十兩相等也八根既與一千六百八十兩相等則一根必與二百一十兩相等卽原借本銀之數此按分遞折比例法用疊借互徵法算之亦可

(十一)如甲乙丙三人各作一器甲六日完乙八日完丙二十四日完今令三人同作一器問幾日完　曰三日

法借一千一百五十二根三分母維乘所得爲三人同作完之日數以甲六日除之得一百九十二根卽一百九十二器蓋六日完一器則一千一百五十二日完一百九十二器也下倣此以乙八日除之得一百四十四根以丙二十四日除之得四十八根三

數相併共得三百八十四根（即三百八十四器）為一率一千一百五十二根（即一千一百五十二日）為二率一根（即一器）為三率求得四率即三日

（十二）設如甲丙二商不言本銀若干但知甲之本銀四倍於丙而甲本銀內減去七十二兩則兩人之銀適等問二人本銀各幾何

法借一根為丙本銀數則甲本銀為四根以甲本銀減七十二兩與丙銀相等計之則於甲本銀四根內減七十二兩是為甲四根少七十二兩與丙一根相等四根少七十二兩與一根各加七十二兩得四根與一根多七十二兩相等四根與一根各減去一根

則餘三根。與七十二兩相等。三根既與七十二兩相等。則一根必與二十四兩相等。卽丙本銀數。此較數比例法

（十二）設如甲乙二人分銀。其數相等。甲用過一百兩。乙用過三十兩。則乙之餘銀。三倍於甲。問二人原各分銀幾何。

法借一根爲原分銀之數。則甲之餘銀爲一根少一百兩。乙之餘銀爲一根少三十兩。乙之餘銀既三倍於甲。則將甲餘銀一根少一百兩三倍之爲三根少三百兩。卽與乙之餘銀一根少三十兩相等矣。三根少三百兩。與一根少三十兩。各加三百兩。則得三根。與一根多二百七十兩相等。甲三根。少三百兩。今加三百兩。則補足三根整

數。乙一根少三十兩。今加三百兩。以三十兩補原少之數。則止多二百七十兩。三根與一根各減去一根。則餘二根。與二百七十兩相等。二根既與二百七十兩相等。則一根必與一百三十五兩相等。前既以一根爲原分銀之數。則此一百三十五兩。卽原分銀之數矣。甲用過銀一百兩。餘三十五兩。乙用過銀三十兩。餘一百零五兩。故乙之餘銀三倍於甲也。此較數比例法。用疊借互徵法算之亦可。

⑭設如甲乙二人行路。兩日行到。初日乙所行之路四倍於甲。次日甲所行之路。三倍於乙。但知初日乙行二百四十里。甲行六十里。問次日二人各行若干。

法借一根。爲次日乙所行之路。則甲次日所行之路爲三根。以初日乙行二百四十里。與一根相加。得一根多二百四十里。爲乙兩日所行之路。以初日甲行六十里。與二根相加。得三根多六十里。爲甲兩日所行之路。是爲乙一根。多二百四十里。與甲三根多六十里相等。一根與三根各減一根。多二百四十里。與多六十里。各減六十里。則餘一百八十里。與二根相等。一百八十里。既與二根相等。則九十里。必與一根相等。即次日乙所行之路。三因之。得二百七十里。即次日甲所行之路。以乙次日所行九十里。與初日所行二百四十里。相加。得三百三十里。以甲次日所行二百七十里。與初日所行六十里相加。亦得三百三

十塁是兩人同行俱到也此較數比例法

⑮設如甲乙二商各有本銀生理但知乙本銀比甲本銀多六兩數年得利之後甲本利共銀比原銀爲十一倍乙本利共銀比原銀爲七倍而兩人之銀適等問二人原有本銀各幾何

法借一根爲甲本銀數則乙本銀爲一根多六兩甲本利共銀既比原銀爲十一倍則以十一乘一根得十一根爲甲本利共銀數乙本利共銀既比原銀爲七倍則以七乘一根多六兩得七根多四十二兩爲乙本利共銀數是爲甲十一根與乙七根多四十二兩相等十一根與七根各減七根餘四根與四十二

兩相等四根既與四十二兩相等則一根必與十兩零五錢相等即甲原銀之數十一乘之得一百一十五兩五錢即甲本利共銀之數以六兩與十兩零五錢相加得一十六兩五錢即乙原銀之數七因之亦得一百一十五兩五錢爲乙本利共銀之數也此較數比例法用疊借互徵法算之亦可

（十六）設如甲乙二人分銀其數相等甲銀外加三百兩乙銀外加六十五兩則甲之共銀三倍於乙問二人原各分銀若干

法借一根爲原分銀之數則乙之共銀爲一根多六十五兩甲之共銀爲一根多三百兩甲之共銀既三

倍於乙則將乙之共銀一根多六十五兩。三倍之爲三根多一百九十五兩。卽與甲之共銀一根多三百兩相等矣。三根多一百九十五兩與一根多三百兩各減一百九十五兩。則餘三根與一根多一百零五兩相等。三根與一根再各減去一根。則餘二根與一百零五兩相等。二根旣與一百零五兩相等。則一根必與五十二兩五錢相等。前旣借一根爲原分銀之數。則此五十二兩五錢卽原分銀之數矣。以五十二兩五錢與六十五兩相加。得一百一十七兩五錢爲乙之共銀數。以五十二兩五錢與三百兩相加。得三百五十二兩五錢爲甲之共銀數。卽乙之共銀之三倍也。此較數比例法用疊借互徵法算之亦可。

(十七)設如金球十二銀球十八。其輕重適等。若將銀球七換金球七。則銀球邊多三百二十二兩。問金球銀球各重幾何。

法借一根爲金球換銀球之差數。以七乘之。得七根。爲七金球換七銀球之差數。是爲七根與三百二十二兩相等。七根既與三百二十二兩相等。則一根必與四十六兩相等。卽一金球一銀球相換之差數。一金球一銀球相換之差數既爲四十六兩。則一金球比一銀球之重必差二十三兩。一金球比一銀球既重二十三兩。則十二金球比十二銀球必重二百七

學雅堂校刊

十六兩如以銀球再加六个。十八个即與十二金球等。是銀球六个與二百七十六兩相等也乃以六歸之得四十六兩即一銀球之重數加二十三兩得六十九兩即一金球之重數以四十六兩與十八銀球相乘得八百二十八兩以六十九兩與十二金球相乘亦得八百二十八兩也此較數比例法

（十八）設如一人買緞十二匹一人買紬三十二匹用銀適等但知緞每匹價比紬每匹價多六兩問紬緞價銀各若干

法借一根為紬價則緞價為一根多六兩各以總數乘之則紬總價得三十二根緞總價得十二根多七

十二兩。是爲紬價三十二根與緞價十二根多七十二兩相等。三十二根與十二根各減去十二根。則餘二十根與七十二兩相等。二十根既與七十二兩相等。則一根必與三兩六錢相等。即紬每匹之價。加緞每匹比紬每匹多六兩。得九兩六錢。即緞每匹之價。以九兩六錢。乘十二匹。得一百一十五兩二錢。爲緞總價。以三兩六錢。乘三十二匹。亦得一百一十五兩二錢。爲紬總價。兩數適等也。此較數比例法。

（九）設如甲乙二人。共買緞一百匹。甲買三十八匹。止與銀三百一十二兩。乙買六十二匹。止與銀六百兩。而兩人所欠之銀適等。問緞價及欠各若干。

法借一根爲緞每匹價銀數則甲三十八匹總銀數爲三十八根又甲止與銀三百一十二兩則甲所欠之銀卽爲三十八根少三百一十二兩乙六十二匹總銀數爲六十二根又乙止與銀六百兩則乙所欠之銀卽爲六十二根少六百兩是爲甲三十八根少三百一十二兩與乙六十二根少六百兩相等少三百一十二兩與少六百兩各加六百兩得三十八根多二百八十八兩與六十二根相等乙爲六十二根少六百兩今加六百兩則補足六十二根整數甲爲三十八根少三百一十二兩今加六百兩以三百一十二兩補原少之數則止多二百八十八兩也又三十八根與六十二根各減去三十八根則餘二十四根與二百八十八兩相等二十

四根既與三百八十八兩相等則一根必與十二兩相等即緞每匹之價銀數再以十二兩乘三十八匹得四百五十六兩即甲所買緞之總銀數內減甲與銀三百一十二兩餘一百四十四兩爲甲所欠銀數又以十二兩乘六十二四得七百四十四兩爲乙所買緞之總銀數內減乙與銀六百兩亦餘一百四十四兩爲乙所欠銀數也此較數比例法

（十）設如有米分給大小二等工人但知小工人數比大工人數爲七倍大工人給米一升二合小工人給米八合共給過米五石四斗四升問人數米數各幾何

法借一根爲大工人之數則七根爲小工人之數以

一根與一升二合相乘。作一十二合。得一十二根。為大工人米數。以七根與八合相乘。得五十六根。為小工人米數。兩米數相加。得六十八根。與五石四斗四升相等。六十八根。既與五石四斗四升相等。則十二根必與九斗六升相等。前既以十二根為大工人米數。則與十二根相等之九斗六升。卽大工人之米數。爰以大工人每人所得一升二合除之。得八十人。與一根相等。卽大工人之數。七因之。得五百六十。卽小工人之數。以八合乘之。得四石四斗八升。卽小工人之米數也。此和較比例法。用疊借互徵法算之亦可。

（三十）設如有銀一百兩。分給大小二等匠人共一百名。大匠

人每人給銀一兩五錢。小匠人每人給銀五錢。問大小匠人各若干

法借一根爲大匠人數。則小匠人爲一百少一根。以一兩五錢。與一根相乘得十五根爲大匠人共銀數又以五錢與一百少一根相乘得五十兩作五百錢。少五根。爲小匠人共銀數。兩銀數相加得五十兩。作五百錢。多十根。原少五根。加十五根。則反多十根也。與銀一百兩作一千錢。相等五十兩與一百兩各減去五十兩。則餘十根與五十兩相等。十根既與五十兩相等。則十五根必與七十五兩即七百五十錢。相等。前既以十五根爲大匠人共銀數。則與十五根相等之七十五兩。即大匠人之共銀數。爰以

大匠人每人所得一兩五錢除之得五十人與一根相等即大匠人之數於共一百人內減大匠人五十人餘五十人即小匠人之數以五錢乘之得二十五兩即小匠人之共銀數也此和較比例法用方程法算之亦可

（五）設如有銀一百兩分賞馬步兵共一百名馬兵一人賞三兩步兵三人賞一兩問馬步兵各若干

法借一根為步兵所得銀數則馬兵所得銀數即為三根相加得四根為馬步兵共得銀數是為四根與一百兩相等四根既與一百兩相等則一根必與二十五兩相等即步兵所得銀數於一百兩內減之餘七十五兩為馬兵所得銀數三歸之得二十五即馬

兵人數于一百名內減之餘七十五。卽步兵人數也。

此卽較比例法。

(三十)、設如雞兔同籠，但知共頭三十六，共足一百，問雞兔各若干。

法借一根爲兔數，則雞爲三十六少一根。以兔四足乘兔一根，得四根，爲兔之共足數。以雞二足乘雞三十六少一根，得七十二少二根，爲雞之共足數。兩數相加，得七十二多二根，與一百相等。七十二與一百各減七十二，則餘二根與二十八相等。二根既與二十八相等，則一根必與十四相等，卽兔數。於共三十六內減兔十四，餘二十二，卽雞數。兔十四以四足乘

之得五十六爲兎共足數雞二十二以二足乘之得四十四爲雞共足數相加得一百以合原數也此和較比例法

（六四）設如有人行路乘馬乘船共六十三日乘馬日行一百六十里乘船日行一百四十四里乘船所行里數比乘馬所行之里數爲十八倍問乘馬乘船之日數各若干

借法一根爲乘馬之日數則乘船之日數爲六十三日少一根以一根與一百六十里相乘得一百六十根爲乘馬所行之里數以六十三日少一根與一百四十四里相乘得九千零七十二里少一百四十四

根。爲乘船所行之里數。乘船所行里數。既爲乘馬所行里數之十八倍。則以十八乘乘馬所行之里數一百六十根。得二千八百八十根。是爲二千八百八十根與九千零七十二里少一百四十四根相等。二千八百八十根與少一百四十四根。各加一百四十四根。得三千零二十四根。與九千零七十二里相等。三千零二十四根。既與九千零七十二里相等。則一百六十根。必與四百八十里相等。前既以一百六十根爲乘馬所行之里數。則與一百六十根相等之四百八十里。即乘馬所行之里數。以乘馬每日所行一百六十里除之。得三日。與一根相等。即乘馬所行之日數。以三日。與六十三日相減餘六十日。爲乘船所行之日數。以乘船每日行一百四十四里乘之得八千六百四十里。即乘船所行之里數。爲乘馬所行之里數之十八倍也。此和較比例法。用疊借互徵法算之亦可。

(廿四)設如有青緞藍緞二色。共七十匹。青緞每匹長四十七尺。藍緞每匹長六十尺。其藍緞總尺數比青緞總尺數多二十七尺。問青藍緞二色若干

法借一根爲青緞匹數。則藍緞爲七十匹少一根。各以尺數乘之。則青緞之總尺數得四十七根。藍緞之總尺數得四千二百尺。少六十根。於藍緞總尺數內減去比青緞所多之二十七尺。得四千一百七十三

尺少六十根是爲青緞四十七根與藍緞四千一百七十三尺少六十根相等各加六十根得一百零七根與四千一百七十三尺相等一百零七根既與四千一百七十三尺相等則四十七根必與一千八百三十三尺相等前旣以四十七根爲青緞之總尺數則與四十七根相等之一千八百三十三尺卽青緞之總尺數以每匹長四十七尺除之得三十九匹與一根相等卽青緞之匹數以三十九匹與七十匹相減餘三十一匹卽藍緞之匹數以三十一匹與六十尺相乘得一千八百六十尺卽藍緞之總尺數比青緞多二十七尺也此和較比例法

（廿五）設如有人買絹紬二色共價銀一百二十七兩四錢絹一尺價銀七分紬一尺價銀一錢四分其絹之尺數比紬之尺數爲五倍問絹紬尺數各若干

法借一根爲紬之尺數則絹之尺數爲五根以紬價一錢四分（作一十四分）乘一根得一十四根爲紬共價以絹價七分乘五根得三十五根爲絹共價兩數相加共得四十九根是爲四十九根與一百二十七兩四錢相等四十九根既與一百二十七兩四錢相等則十四根必與三十六兩四錢相等前既以十四根爲紬共價則與十四根相等之三十六兩四錢卽紬之共價以紬每尺價一錢四分除之得二百六十尺與

一根相等。卽紬之尺數。五因之。得一千三百尺。卽絹之尺數也。此和較比例法。

(廿七)設如甲有十成銀一百二十四兩。丙有三成銀。不知數。但知將二色銀鎔於一處。則俱爲五成銀。問三成銀若干。

曰三百一十兩。

法借一根爲丙銀數。丙銀本三百一十兩。今借作一根。以丙銀三成與鎔爲五成相減。餘二成。爲丙銀每兩所少之數。又以甲銀十成與鎔得五成相減。餘五成。爲甲銀每兩所多之數。乃以甲銀一百二十四兩。乘多五成。得多六百二十成。又以丙銀一根。乘少二成。得二根。一根三百一十兩也。以二成乘之。卽得六百二十兩。豈非二根乎。是爲二根與六百二十成相等。一兩少二成。則三百一十兩少六百二十成。丙之所少。即甲之所多。故其數相等也。以丙銀每兩少二錢二成即二錢。除之則得一根與三百一十兩相等。少二錢為一兩。則少六百二十錢為三百一十兩也。前既借一根為丙銀數則與一根相等之三百一十兩即丙之銀數也。丙銀三百一十兩。以三成乘之得紋銀九十三兩。加甲紋銀一百二十四兩。共得紋銀二百一十七兩。以五成除之得五成銀四百三十四兩。與甲丙二數合。此和較比例法。

(廿八)設如有銀大小共九百二十四錠。重二百七十六兩。大錠重三分兩之一。小錠重七分兩之二。問大小錠各若干。

法借一根為大錠數。則小錠為九百二十四錠少一根。因大錠重三分兩之一。小錠重七分兩之二。其分母不同乃以兩分母三與七相乘得二十一為共母數又以小錠分母七互乘大錠分子一得七卽變三分之一為二十一分之七為大錠之重數又以大錠分母三互乘小錠分子二得六卽變七分之二為二十一分之六為小錠之重數乃以一根與大錠分子七相乘得七根為大錠之重數以九百二十四錠少一根與小錠分子六相乘得五千五百四十四少六根為小錠之重數兩數相加得五千五百四十四多一根為共重數又各重數既皆通為二十一分則共重二百七十六兩亦以分母二十一通之得五千七百九十六是為五千五百四十四多一根與五千七

百九十六相等五千五百四十四與五千七百九十六各減五千五百四十四則餘一根與二百五十二相等卽大錠之共數與共九百二十四錠相減餘六百七十二爲小錠之共數此和較比例法

（廿九）設如衆人僱船每人出銀一兩二錢則少四兩四錢每人出銀一兩五錢則多八兩二錢問人數及船價銀各若干

法借一根爲人數以一根與一兩五錢相乘得十五根則船價銀爲十五根少八兩二錢又以一根與一兩二錢相乘得十二根則船價銀又爲十二根多四兩四錢此二數爲相等兩邊各加八兩二錢得十五

根與十二根多十二兩六錢相等。兩邊各再減十二根。則餘三根。與十二兩六錢相等。三根既與十二兩六錢相等。則一根必與四兩二錢相等。前既借一根爲人數。則此四兩二錢。卽爲四十二人爲僱船之人數。此盈朒法。

(二十)設如有銀買緞二色。下號緞每匹價銀八兩。上號緞每匹價銀十一兩。若俱買下號者。則銀多二百九十六兩。若俱買上號者。則銀多三十二兩。問緞數及銀數各若干。此猶云有銀買緞每匹價八兩。則多二百九十六兩。若每匹十一兩。則多三十二兩矣。

法借一根爲緞數。以一根與十一兩相乘。得十一根。爲上號緞共價。則共銀爲十一根多三十二兩。又以一根與八兩相乘得八根。為下號緞共價。則共銀為八根多二百九十二兩。此二數為相等。兩邊各減三十二兩。得十一根與八根多二百六十四兩相等。兩邊再各減八根。則餘三根與二百六十四兩相等。三根既與二百六十四兩相等。則一根必與八十八兩相等。前既借一根為緞數。則此八十八兩即為八十八匹。為緞之總數。此盈朒法。

(主)設如有井一口。不知其深。有繩一條。不知其長。但知取繩六分之一。比井深少三尺四寸。取繩四分之一。比井深適等。問井深及繩長各若干。

法借二十四根為繩長數。兩分母相乘之數。取其四分之一。

得六根則井深爲六根。又取其六分之一。得四根則井深又爲四根多三尺四寸此二數爲相等兩邊各減四根得二根與三尺四寸相等二根旣與三尺四寸相等則一根必與一尺七寸相等而二十四根必與四丈零八寸相等卽繩之長數也（此盈朒法。）

設如有人買房用本銀三分之二則比房價多五十九兩用本銀五分之二則比房價少四十九兩八錢問本銀房價各若干（房如上條之井。銀如上條之繩。）

法借十五根爲本銀數（兩分母相乘之數。）以用本銀三分之二比房價多五十九兩計之則房價爲十根少五十九兩以用本銀五分之二比房價少四十九兩八錢計之則房價又爲六根多四十九兩八錢此二數爲相等兩邊各加五十九兩得十根與六根多一百零八兩八錢相等兩邊再各減去六根則餘四根與一百零八兩八錢相等四根既與一百零八兩八錢相等則一根必與二十七兩二錢相等而十五根必與四百零八兩相等卽本銀數此盈朒法

㊂如有銀分給二等人其上等人數比下等人數多一倍上等人比下等人每人多得四兩今欲給下等人每人三兩則銀多七十二兩每人四兩則銀少二十兩問人數及銀數若干

法借一根爲下等人數則上等人數爲二根以一根

與每人四兩相乘得四根一根三十一人也以四兩乘三十一人卽得四个三十一人豈非四根乎爲下等人所得共銀數四个三十一人俱各得四兩也以二根與八兩下等每人四兩上等多四兩合之爲八兩相乘得十六根爲上等人所得共銀數兩數相併得二十根爲上下二等人所得共銀數則原銀數卽爲二十根少二十兩又以一根與每人三兩相乘得三根爲下等人所得共銀數以二根與七兩相乘得十四根爲上等人所得共銀數兩數相併得十七根爲上下二等人所得共銀數則原銀數卽爲十七根多七十三兩此兩數爲相等兩邊各加二十兩得二十根與十七根多九十三兩相等兩邊各減十七根則餘三根與九十三

兩相等。是一根。必與三十一兩相等也前既借一根爲下等人數。則此三十一兩。卽爲下等三十一人倍之得上等六十二人。而餘可知。此盈朒法。按此卽有人分銀。每人二十兩（下等每人四兩。上等每人八兩。倍之爲十六兩。共二十兩也。）則銀少二十兩。若每人十七兩。（下等每人三兩。上等每人七兩。倍之爲十四兩共十七兩也。）則銀多七十三兩耳。特於人中分上下二等上等人數。又倍於下等人數。上等銀數。又多於下等銀數。添此曲折。以惑人耳。

（三四）設如有人分銀。不言人數。亦不言銀數。但知每四人分銀十八兩。則銀少八兩。每三人分銀十一兩。則銀多十二兩。問人數及銀數各若干。

法借十二根爲人數以四人分銀十八兩計之。則每人應得四兩五錢。爰以四兩五錢。乘十二根得五十四根。爲共分銀之數。而原銀卽爲五十四根少八兩。以三人分銀十一兩計之。則每人應得三兩又三分兩之二。爰以三兩又三分兩之二。乘十二根得四十四根。爲共分銀之數。而原銀又爲四十四根多十二兩。此兩數爲相等。兩邊各加八兩。得五十四根與四十四根多二十兩相等。兩邊各減四十四根。得十根與二十兩相等。十根既與二十兩相等。則十二根必與二十四兩相等。前既借十二根爲人數。則此二十四兩。卽爲二十四人也。此雙套盈朒法。

㉟如有商人販緞。不言每匹價銀若干。稅銀若干。但云販緞二十匹。折稅用緞一匹。則多銀二兩。若販緞五十匹。折稅用緞一匹。則少銀一兩。問每匹價銀及稅銀各若干。　曰每匹價銀四兩。稅銀一錢。

法借一根爲緞一匹之價銀數。即四兩。以折稅用緞一匹多銀二兩計之。則緞二十匹之稅銀爲一根少二兩。二十匹稅二兩。比一根爲四兩少二兩也。以折稅用緞一匹少銀一兩計之。則五十匹之稅銀爲一根多一兩。五十匹稅五兩。比一根爲四兩多一兩也。此兩緞數不齊。難用比例。須用互乘法。以二十匹乘五十匹。得一千匹爲共緞數。以五千匹互乘一根少二兩。得五十根少一百兩。爲一千匹之稅銀

二十匹　一千匹　一　一根少三兩　五十根少二百兩

五十匹　一千匹　一　一根少三兩　二十根少二十兩

數。又以二十匹。乘一根多銀一兩。得二十根多銀二十兩。亦為一千匹之稅銀數。此兩緞數既相等。故乘出之稅銀數亦相等。兩邊各加一百兩。得五十根與二十根多一百二十兩相等。又兩邊各減二十根。則餘三十根與一百二十兩相等。而一根必與四兩相等。即緞一匹之價銀數也。而餘可知。此雙套盈朒法。其理已詳難題十三十四十五十六各條。

（三六）設如有銀一千二百零九兩。令甲乙二人分之。取甲四分之一。與乙三分之一。相加即與甲銀等。問二人各得幾何。

法借十二根。兩分母相乘數為甲銀數。則乙銀為一千二百零九兩。少十二根。取甲銀四分之一。為三根。取乙銀三分之一。為四百零三兩。少四根。相加得四百零三兩。少一根。是為十二根與四百零三兩。少一根相等。十二根與少一根。各加一根。得十三根。與四百零三兩相等。十三根既與四百零三兩相等。則十二根必與三百七十二兩相等。即甲銀數。於總銀內減甲銀數。餘八百三十七兩。即乙銀數。取甲銀四分之一。得九十三兩。取乙銀三分之一。得二百七十九兩。相加得三百七十二兩。與甲銀等也。此借衰互徵法用方程法算之亦可。

（三七）設如有銀一千兩。令甲乙丙三人分之。乙所得之數倍於甲。仍多三十兩。丙所得之數倍於乙。問每人各得若干。

法借一根爲甲銀數。則乙爲二根多三十兩。丙爲四根多六十兩。三數相併共得七根多九十兩。而與一千兩相等。九十兩與一千兩各減九十兩。餘七根與九百一十兩相等。七根既與九百一十兩相等。則一根必與一百三十兩相等。即甲所得銀數。此借衰互徵法。用方程法算之亦可。

（三八）設如甲乙丙三人分銀六千兩。乙得甲三分之一。丙得乙二分之一。問三人各得幾何。

法借一根爲甲銀數則乙銀爲三分根之一。丙銀爲六分根之一。三數相加得六分根之九。以甲一根爲六分。則乙爲六分根之二。丙爲六分根之一。共得六分根之九。卽一根半。與六千兩相等。各以六乘之。謂以六乘一根半。以六乘六千兩也。又得九根與三萬六千兩相等。九根既與三萬六千兩相等。則一根必與四千兩相等。卽甲銀數。三分之得一千三百三十三兩又三分兩之一。爲乙銀數。又二分之得六百六十六兩又三分兩之二。爲丙銀數也。

又法借一根爲丙銀數。則乙銀爲二根。甲銀爲六根。相加得九根與六千兩相等。九根既與六千兩相等。則一根必與六百六十六兩又三分兩之二相等。卽

丙銀數倍之得一千三百三十三兩又三分兩之一爲乙銀數三因之得四千兩即甲銀數也此借衰互徵法

(三九)設如有金銀錫銅四色不言重數但知共數五分之二爲銅數金銀錫共數七分之四爲錫數金銀共數八分之五爲銀數金重二千零二十四兩問四色各重若干

法借二百八十根爲共數用三分母連乘之數取其可以度盡也取其五分之二得一百一十二根爲銅數與二百八十根相減餘一百六十八根爲金銀錫之共數取其七分之四得九十六根爲錫數與一百六十八根相減餘七十二根爲金銀之共數又取其八分之五得四十

五根爲銀數與七十二根相減。餘二十七根爲金數。是爲二十七根與三千零二十四兩相等。二十七根旣與三千零二十四兩相等。則一根必與一百一十二兩相等。四十五根必與五千零四十兩相等。卽銀數。九十六根必與一萬零七百五十二兩相等。卽錫數。一百一十二根必與一萬二千五百四十四兩相等。卽銅數。四數相加。共得三萬一千三百六十兩。以所借共重二百八十根與每一根之一百一十二兩相乘。亦得三萬一千三百六十兩。爲四色之共數也。此借衰互徵法。

（四十）設如有銀三百五十六兩。分與三等人。一等五人。二等四人三等三人二等所得倍於二等內少二兩二等所得倍於三等又多四兩問三等人每人各得幾何法借一根爲三等人所得銀數則二等一人所得銀數爲二根多四兩一等一人所得銀數爲四根多六兩以各等共人數因之則三等所得共銀數爲三根二等所得共銀數爲八根多十六兩一等所得共銀數爲二十根多三十兩三數相加共得三十一根多四十六兩爲與三百五十六兩相等三十一根多四十六兩與三百五十六兩各減去四十六兩則餘三十一根與三百一十兩相等三十一根既與三百一十兩相等則一根必與十兩相等卽三等一人所得

銀數 此借衰互徵法

（四十二）設如甲丙二人共有米三百八十四石甲納官八分之一丙納官六分之一共納五十四石問二人原米及納官米各若干

法借一根爲甲納米數則丙納米爲五十四石少一根將甲納米一根八因之得八根爲甲原米數丙納米五十四石少一根六因之得三百二十四石少六根爲丙原米數二數相加得三百二十四石多二根爲甲丙共原米數是爲三百二十四石多二根與三百八十四石相等三百二十四石與三百八十四石各減去三百二十四石餘二根與六十石相等二根

既與六十石相等則一根必與三十石相等即甲所納米數八因之得二百四十石為甲原米數此疊借互徵法用方程法算之亦可。

(四三)設如甲乙二人不言本銀若干但知以乙本銀三分之一與甲本銀相加再加六十兩共得一千兩以甲本銀五分之一與乙本銀相加亦得一千兩問二人本銀各幾何

法借十五根兩分母相乘數為乙本銀數以乙三分之一即五根與甲本銀相加又加六十兩共得一千兩計之則甲本銀應得九百四十兩一千兩除六十兩也少五根取其五分之一則為一百八十八兩少一根以甲本銀五分

之一。一百八十八兩少一根。與乙本銀十五根相加。得一百八十八兩多十四根與一千兩相等。一邊一百八十八兩。一邊一千兩。各減去一百八十八兩則得十四根。與八百一十二兩相等。十四根既與八百一十二兩相等。則一根必與五十八兩相等。前既借十五根為乙本銀數。乃以十五乘之。得八百七十兩。即乙本銀數。取三分之一。得二百九十兩。與一千兩相減。又減六十兩。餘六百五十兩。即甲本銀數也。此疊借互徵法用方程法算之亦可

(四十二)設如甲乙二商不言本銀若干。但知各得利銀九十兩。其甲之本利共銀。三倍於乙之本銀。乙之本利共銀

二倍於甲之本銀。問每人本銀幾何。

法借三根爲甲之本銀數。加利銀九十兩。得三根多九十兩。爲甲之本利共銀數。甲之本利共銀。既三倍於乙之本銀。則乙之本銀數。卽爲一根多三十兩。再加利銀九十兩。得一根多一百二十兩。爲乙之本利共銀數。亦爲甲之本銀之二倍也。乃以甲之本銀三根倍之。得六根。與乙之一根多一百二十兩相等。六根與一根。各減去一根。則餘五根與一百二十兩相等。五根旣與一百二十兩相等。則三根必與七十二兩相等。卽甲之本銀數。加利銀九十兩。得一百六十二兩。三歸之。得五十四兩。爲乙之本銀數。以乙本銀五十四兩。加利銀九十兩。共一百四十四兩。爲甲之本銀二倍也。此疊借互徵法。用方程法算之亦可。

㊃設如甲丙二人有銀不言其數。但知甲銀加九兩。爲丙銀之三倍。丙銀加七兩。爲甲銀之二倍。問二人各銀若干。

法借六根。三倍二倍相乘數。爲甲銀數。加九兩。爲六根多九兩。甲銀加九兩既爲丙銀之三倍。則以三歸之。得二根多三兩。爲丙銀數。加七兩。爲二根多十兩。丙銀加七兩既爲甲銀之二倍。則以二歸之。得一根多五兩。仍爲甲銀數。先借六根。與今所得之一根多五兩。既同爲甲銀數。則其數必等。六根與一根各減一根。餘五根與五兩相等。五根既與五兩相等。則六根必與六兩相等。卽甲銀數加九兩得十五兩。三歸之得五兩。卽丙銀數加七兩得一十二兩。卽甲銀六兩之二倍也。此疊借互徵法。用方程法算之亦可。

(四十五)設如甲丙二人有銀。不言其數。但知將丙銀與甲二兩。則甲銀爲丙餘銀之二倍。若將甲銀與丙三兩。則丙銀爲甲餘銀之三倍。問二人各銀若干。

法借六根二倍三倍相乘數。爲甲原銀數。加丙與甲二兩。得六根多二兩。半之得三根多一兩。爲丙餘銀數。丙先以二兩與甲。則丙之原銀。必爲三根多三兩。加甲與丙三兩。得三根多六兩。三歸之。得一根多二兩。爲甲餘銀數甲先以三兩與丙則甲之原銀必爲一根多五兩夫先借六根與今所得一根多五兩旣同爲甲原銀數則其數必等六根與一根各減一根餘五根與五兩相等五根旣與五兩相等則六根必與六兩相等卽甲原銀之數加丙與甲二兩得八兩半之得四兩爲丙餘銀之數丙餘銀旣爲四兩則原銀必爲六兩加甲與丙三兩得九兩三歸之得三兩卽甲餘銀之數也此疊借互徵法用方程法算之亦可

（四六）設如甲乙二人共銀一千二百四十兩於甲銀內加乙銀四分之一乙銀內加甲銀五分之一其數相等問二人原銀各幾何

法借二十根。（兩分母相乘數。）爲甲原銀數則一千二百四十兩少二十根。爲乙原銀數甲原銀五分之一。爲四根乙原銀四分之一。爲三百一十兩少五根將甲原銀五分之一四根。與乙原銀一千二百四十兩少二十根相加。得一千二百四十兩少十六根。（原少二十根加入四根止少十六根。）將乙原銀四分之一三百一十兩少五根與甲原銀二十根相加。得三百一十兩多十五根。（原二十根補乙少五根。餘十五根。）此二數爲相等少十六根與多十五根各加十六根則得一千二百四十兩與三百一十兩多三十一根相等再一千二百四十兩與三百一十兩各減三百一十兩則餘九百三十兩與三十一根相等。九百三十兩。既與三十一根相等。則六百兩。必與二十根相等。前既借二十根為甲原銀數。則此六百兩。即甲原銀之數。此壘借互徵法用方程法算之亦可。

㊃設如甲原有銀五十兩。乙原有銀八十兩。乙用過之銀比甲用過之銀為三分之一。甲所餘之銀比乙所餘之銀亦為三分之一。問二人用過及餘銀各若干。

法借一根為乙用過銀數。則甲用過之銀為三根。而乙所餘之銀為八十兩少一根。甲所餘之銀為五十兩少三根。甲餘銀既比乙餘銀為三分之一。則以甲餘銀五十兩少三根。三因之為一百五十兩少九根。是為乙餘銀八十兩少一根與三因甲餘銀一百五十兩少九根相等。少一根與少九根各加九根。得八十兩多八根與一百五十兩相等。再八十兩與一百五十兩各減八十兩。餘八根與七十兩相等。八根既與七十兩相等。則一根必與八兩七錢五分相等。卽乙用過銀數。三因之。得二十六兩二錢五分。卽甲用過銀數。以甲用過銀數與甲原有銀數相減。餘二十三兩七錢五分。爲甲所餘銀數。三因之。得七十一兩二錢五分。卽乙所餘銀數也。此蓋借互徵法用方程法算之亦可。

（四八）設如甲乙丙三人有銀。不言數。但知甲銀比乙銀所多之數。與丙銀四分之一相等。乙銀比丙銀所多之數。與甲銀五分之一相等。若以乙銀五分之二與丙銀

相較則丙銀多一百一十四兩問三八各銀幾何
法借五根爲乙銀數則丙銀數爲二根多一百一十
四兩於乙銀數五根內減去丙銀數二根多一百一
十四兩餘三根少一百一十四兩爲乙銀比丙銀所
多之數與甲銀五分之一相等五因之得一十五根
少五百七十兩爲甲銀數又於甲銀數一十五根少
五百七十兩內減去乙銀數五根餘十根少五百七
十兩爲甲銀比乙銀所多之數與丙銀四分之一相
等四因之得四十根少二千二百八十兩亦爲丙銀
數此四十根少二千二百八十兩與二根多一百一
十四兩既同爲丙銀數是爲相等乃於二根多一百

一十四兩。與四十根少二千三百八十兩。各加二千二百八十兩得二根多二千三百九十四兩與四十根相等。二根與四十根再各減二根。則餘三十八根與二千三百九十四兩相等。三十八根既與二千三百九十四兩相等。則一根必與六十三兩相等。而五根。必與三百一十五兩相等。卽乙銀數。丙銀數既爲二根。多一百一十四兩。乃以六十三兩倍之。得一百二十六兩。卽二根之數亦卽乙五分之二之數加一百一十四兩。共得二百四十兩。卽丙銀數。甲銀比乙銀所多之數。既爲丙銀四分之一。乃以丙銀數四歸之。得六十兩。與乙銀三百一十五兩相加。得三百七十五兩。卽甲銀數也此疊借互徵法用方程法算之亦可。

（四九）設如甲乙丙三人有銀。但知甲銀七十兩。乙銀三十四兩。而丙銀不知數。如以丙銀與甲銀相減。又以丙銀與乙銀相減。其甲銀之餘。則三倍於乙。問丙銀若干。

法借一根爲丙銀數。則甲丙相減之餘爲七十兩少一根。乙丙相減之餘爲三十四兩少一根。甲之餘銀既三倍於乙。則以乙丙相減之餘三十四兩少一根三因之。得一百零二兩少三根。是爲七十兩少一根與一百零二兩少三根相等。少一根與少三根各加三根。得七十兩多二根。與一百零二兩相等。七十兩與一百零二兩各減七十兩。則餘二根與三十二兩相等。二根既與三十二兩相等。則一根必與十六兩相等。卽丙銀數。與甲銀七十兩相減。餘五十四兩與乙銀三十四兩相減。餘十八兩。是甲餘銀爲乙餘銀之三倍也。此疊借互徵法。用方程法算之亦可。

（五十）設如甲乙丙三人各有銀。不言數。但知將乙銀十兩。與甲。則甲乙二人之銀相等。若將丙銀十四兩與乙。則乙丙二人之銀相等。若將甲銀十八兩與丙。則丙銀比甲銀爲五倍。問三人各銀若干。

法借一根爲甲原銀數。則乙之原銀。必爲一根多二十兩。以十兩與甲。則皆爲一根多十兩。其數相等。丙之原銀。必爲一根多四十八兩。乙之原銀既爲一根多二十兩。再加十四兩。俱爲一根多三十四兩。其數相等。又甲之原銀。既爲一根。以十八兩與丙計之。則爲一根少十八兩。丙之原銀既爲一根。多四十八兩。今再加十八兩。則爲一根多六十六兩。此丙之一根多六十六兩。比甲之一根少十八兩。既爲五倍。則以甲之一根少十八兩。五因之。得五根少九十兩。而與丙之一根多六十六兩爲相等。少九十兩與多六十六兩。各加九十兩。得五根。與一根多一百五十六兩相等。五根與一根。各減一根。則餘四根。與一百五十六兩相等。四根既與一百五十六兩相等。則一根必與三十九兩相等。卽甲原銀之數。甲原銀既爲三十九兩。則乙原銀必爲五十九兩。以十兩與甲。則皆得四十九兩。乙原銀既爲五十九兩。則丙原銀必爲八十七兩以十四兩與乙。則皆得七十三兩。丙原銀既爲八十七兩甲原銀既爲三十九兩。甲以十八兩與丙則丙爲一百零五兩。而甲爲二十一兩。是丙銀比甲銀五倍也。此疊借互徵法。用方程法算之亦可。

圭 如甲乙丙三人有銀。但知甲銀二萬五千兩。乙得甲丙共銀二分之一。丙得甲乙共銀八分之一。問乙丙銀各若干。　曰乙銀一萬五千兩。　丙銀五千兩。

法借一根爲丙銀數。則甲乙共銀爲八根。乙銀數爲八根少二萬五千兩。甲丙共銀數爲一根多二萬五千兩。半之。又得乙銀爲半根多一萬二千五百兩。八根少二萬五千兩與半根多一萬二千五百兩既同爲乙數則爲相等兩邊各加二萬五千兩得八根與半根三萬七千五百兩相等兩邊各減半根則餘七根半與三萬七千五百兩相等而一根必與五千兩相等即丙銀數而餘可知矣此疊借互徵法用方程法算之亦可

(十三)設如一商貿易不言本銀若干但知第一次所得利銀比本銀爲四分之一用去銀二十兩第二次所得利銀比第二次本銀爲五分之二用去銀十四兩第三次所得利銀比本銀三分之一用去銀十五兩合計所餘利銀共八十兩問原本銀及每次所得利銀各幾何

法借十二根三分母相因得六倍之為十二也為原本銀數則弟一次利銀為三根本利相加得十五根內減用去銀二十兩得十五根少二十兩為弟二次本銀數取其五分之二得六根少八兩為弟二次利銀數本利相加得二十一根少二十八兩又減用去銀十四兩得二十一根少四十二兩為弟三次本銀數取其三分之一得七根少十四兩為弟三次利銀數以弟三次本利相加得二十八根少五十六兩又減用去銀十五兩則為二十八根少七十一兩而原借十二根與所餘利銀八十兩遂為十二根多八十兩是為二十八根少七十一兩與十二根多八十兩相等少七十一

兩。與多八十兩。各加七十一兩。得二十八根。與十二根多一百五十一兩相等。二十八根與十二根各減十二根。得十六根。與一百五十一兩相等。十六根既與一百五十一兩相等。則十二根必與一百一十三兩二錢五分相等。卽原本銀數。四歸之。得二十八兩三錢一分二釐五毫。卽第一次所得利銀數。本利相加。減用去二十兩。得一百二十一兩五錢六分二釐五毫。卽第二次本銀數。取其五分之二。得四十八兩六錢二分五釐。卽第二次所得利銀數。本利相加。又減用去十四兩。得一百五十六兩一錢八分七釐五毫。卽第三次本銀數。三歸之。得五十二兩零六分二釐五毫。即第三次所得利銀數。本利相加。又減用去十五兩。得一百九十三兩二錢五分。即原本銀與三次所餘共利銀相加之數。蓋原本銀一百一十三兩二錢五分。又加所餘共利銀八十兩。即一百九十三兩二錢五分。兩數相等。此疊借互徵法。

(五二)設如有人貿易四次。第一次所得利銀比原本銀爲九分之一。用去銀比原本銀爲十二分之二。第二次所得利銀比原本銀爲六分之二。用去銀比原本銀爲九分之四。第三次所得利銀比原本銀爲四分之一。用去銀比原本銀爲二分之一。第四次所得利銀比原本銀爲三分之一。用去銀比原本銀爲三分之二。

合四次利銀已用盡。仍用本銀六百兩問本利銀各若干。

法借三十六根爲本銀數。借三十六者以九與十二與六。皆係用三。可以度盡之數。獨四與二不能度盡。故借四九相乘之數。則各分母皆可以度盡也。則第一次利銀爲四根第二次利銀爲六根第三次利銀爲九根第四次利銀爲十二根四數相加共得三十一根爲四次利銀之共數。第一次用去爲三根第二次用去爲十六根第三次用去爲十八根第四次用去爲二十四根。四數相加共得六十一根爲四次用去銀之共數。以四次利銀皆用盡。仍用本銀六百兩計之。則四次利銀之共數三十一根。仍加本銀六百兩。乃與四次用去銀之共數六十一根相等也三十一根與六十一根各減去三十一根則餘三十根與六百兩相等三十根既與六百兩相等則一根必與二十兩相等而三十六根必與七百二十兩相等即本銀數三十一根與六百二十兩相等即利銀數六十一根又與一千二百二十兩相等即用去銀數也此疊借互徵法

問

設如甲乙丙丁四人同出銀作生理內甲丙丁三人所出銀不言數但知乙出銀五兩若將甲所出銀二分之一與乙將乙所出銀五分之一與丙又將丙所出銀七分之一與丁又將丁所出銀九分之一與甲則四人所出之銀皆相等問四人各出銀若干

法借二根爲甲出銀數，則甲將一根二分之一與乙，乙將一兩五分之一與丙。是甲爲一根，乙爲一根多四兩。今以甲與乙相較，則數不相等，蓋因甲當得丁銀九分之一也。甲因未得丁銀九分之一，故比乙銀少四兩，即丁銀之九分之一。九分之一既爲四兩，則三十六兩即爲丁原銀數。丁既以四兩與甲，則丁所餘止三十二兩。以丁三十二兩與乙一根多四兩相較，其數又不相等，蓋因丁尚當得丙銀七分之一也。丁因未得丙銀七分之一，故比乙銀差一根少二十八兩。於乙一根多四兩內減去三十二兩，即餘一根少二十八兩也。是一根少二十八兩即丙銀之七分之一也。七分之一既爲一根少二十八兩。

則七根少一百九十六兩即爲丙原銀數丙既以一根少二十八兩與丁則丙所餘爲六根少一百六十八兩再加乙所與之一兩則丙得六根少一百六十七兩矣夫四人既按分各與之則乙爲一根多四兩甲餘一根又得丁四兩亦爲一根多四兩丁餘三十二兩又得丙一根少二十八兩亦爲一根多四兩其數皆相等則丙之六根少一百六十七兩亦必與一根多四兩爲相等矣少一百六十七兩與多四兩各加一百六十七兩得六根與一根多一百七十一兩相等六根與一根各減一根則餘五根與一百七十一兩相等五根既與一百七十一兩相等則一根必

與三十四兩二錢相等。而二根必與六十八兩四錢相等。卽甲所出銀數。又七根必與二百三十九兩四錢相等。內減去一百九十六兩。丙原爲七根少一百九十六兩。餘四十三兩四錢。爲丙所出銀數。乃於丁所出銀內減九分之一。餘三十二兩。加丙銀之七分之一。六兩二錢。得三十八兩二錢。於丙所出銀內減七分之一。餘三十七兩二錢。加乙銀之五分之一。一兩。亦得銀三十八兩二錢。於乙所出銀內減五分之一。餘四兩。加甲銀之二分之一。三十四兩二錢。亦得銀三十八兩二錢。於甲所出銀內減三分之一。餘三十四兩二錢。加丁銀之九分之一。四兩。亦得銀三十八兩二錢也。此疊借互徵法。用方程法算之亦可。

設如甲乙丙丁戊五人各出銀不言數但知甲乙共銀二百四十兩丙銀爲甲銀三分之一丁銀爲乙銀四分之一戊銀七十二兩與丙丁共數相等問五人各銀若干

法借十二根爲甲銀數則乙銀爲二百四十兩少十二根丙銀爲四根丁銀爲六十兩少三根以丙丁二數相加得六十兩多一根而與戊銀七十二兩相等七十二兩與六十兩各減六十兩得十二兩與一根相等十二兩旣與一根相等則十二根必與一百四十四兩相等卽甲銀數餘九十六兩卽乙銀數將甲銀數三歸之得四十八兩卽丙銀數將乙銀數四歸

之得二十四兩即丁銀數也此疊借互徵法用方程法算之亦可

(五六)設如有銀六百兩令甲乙丙丁戊己六人分之甲乙共得二百兩丙丁共得二百兩戊己共得二百兩丙所得銀比甲所得銀爲四分之一戊所得銀比丁所得銀爲三分之一乙所得銀比己所得銀爲二分之一問六人各分銀幾何

法借十二根爲甲所得銀數則乙所得銀爲二百兩少十二根丙所得銀爲三根丁所得銀爲二百兩少三根戊所得銀爲六十六兩又三分兩之二少一根戊比丁爲三分之一以三除丁數即是己所得銀爲四百兩少二十四根乙比己爲二分之一以二乘乙數即是以戊己兩數相加得四百六

十六兩又三分兩之二少二十五根。是為二百兩。戊己共得數。與四百六十六兩又三分兩之二少二十五根相等。二百兩與四百六十六兩又三分兩之二少二十五根。各加二十五根。得二百兩多二十五根與四百六十六兩又三分兩之二相等。二百兩與四百六十六兩。又三分兩之二。各減二百兩。則餘二十五根與二百六十六兩又三分兩之二相等。二十五根既與二百六十六兩又三分兩之二相等。則一根必與十兩又三分兩之二相等。三根必與三十二兩相等。即丙所得銀數。四因之得一百二十八兩。為甲所得銀數。甲乙共得二百兩。內減甲所得銀數餘七十二兩爲乙所得銀數。丙丁共得二百兩。內減丙所得銀數。餘一百六十八兩。爲丁所得銀數。乙所得銀七十二兩。二因之。得一百四十四兩。爲己所得銀數。丁所得銀一百六十八兩。三歸之。得五十六兩。爲戊所得銀數也。此壘借互徵法用方程法算之亦可。

(耄)設如有駝一羣七十二个。馬一羣不知數。牛一羣與駝馬相倂之數等。羊一羣與駝馬相乘之數等。又爲牛數之六十倍。問馬牛羊各幾何。

法借一根爲馬數。則一根多七十二。爲牛數。以駝數七十二與馬數一根相乘。得七十二根。爲羊數。再以牛數一根多七十二。與六十相乘。得六十根多四千三百二十。亦為羊數。二者既同為羊數。則為相等。七十二根與六十根各減六十根。則餘十二根與四千三百二十相等。十二根既與四千三百二十相等。則一根必與三百六十相等。即馬一羣之數。與駝數相加。得四百三十二。即牛一羣之數。再與六十相乘。得二萬五千九百二十。即羊一羣之數。以駝七十二與馬三百六十相乘。亦得二萬五千九百二十。為相等也。此疊借互徵法。用方程法算之亦可。

（三十八）設如有大小二石。不知重數。有銅條一根。重十二兩。均分十二分。以繩繫於弟五分之上。一頭五分。一頭七分。將大石掛於銅條之端。離提繫五分。而以小石作砣稱之離提繫六分始平。又將小石。掛於銅條之端。離提繫五分。而以大石作砣稱之離提繫四分始平。

問二石各重若干。

法先以五分加一倍。與十二分相減。餘二分。折半得一分。與五分相加。爲六分。乃以五分爲一率。六分爲二率。餘二分之重二兩爲三率。求得四率二兩四錢。卽五分之端。加二兩四錢。始與七分相平也。今大石離提繫五分。小石離提繫六分而平。是大石重六分。小石重五分。而大石多二兩四錢。則小石爲大石六分之五。而少二兩也。銅條五分之端。應加二兩四錢而平。今大石在五分之一頭。是大石多二兩四錢也。將二兩四錢。以大石之六分除之。每分得四錢。是大石比小石。每分多四錢。以小石五分計之則大石比小石多二兩故小石為大石之六分五而小二兩也又小石離提繫五分大石離提繫四分而平是小石重四分大石重五分而小石多二兩四錢則小石為大石五分之四而多二兩四錢也銅條五分之端應加二兩四錢而平今小石在五分之一頭是小石多二兩四錢也將二兩四錢以小石之四分除之每分得六分是小石比大石每分多六錢以小石四分計之則小石比大石多二兩四錢故小石為大石之五分之四而多二兩四錢也乃借三十根六分五分相乘之數為大石之重數以小石為大石六分之五而少二兩計之則小石之重為二十五根少二兩以小石為大石五分之四而多二兩四錢計之則小石之重又為二十四根多二兩四錢此兩數為相等兩邊各加二兩得二十五根與二十四根多四兩四錢

相等。兩邊再各減去二十四根。餘一根。與四兩四錢相等。一根既與四兩四錢相等。則三十根必與一百三十二兩相等。卽大石之重數。六歸之。得二十二兩。五因之。得一百一十兩。減去二兩。得一百零八兩。卽小石之重數。或以大石之重數。五歸之。得二十六兩四錢。四因之。得一百零五兩六錢。加二兩四錢。亦得一百零八兩。爲小石之重數也。此疊借互徵法用方程法算之亦可。

（三十六）設如有銀買馬牛二色。馬四匹。牛八頭。共價五十六兩。又馬三匹。牛五頭。共價三十八兩。問馬牛各價若干。

法借一根爲牛一頭之價。則前牛八頭之共價爲八根。前馬四匹之共價爲五十六兩少八根。而後牛五頭之共價爲五根乃以前馬四匹爲一率共價五十六兩少八根爲二率後馬三匹爲三率求得四率四十二兩少六根爲後馬三匹之各價加後牛五頭之共價五根得四十二兩少一根爲後馬三匹牛五頭之共價與後共價三十八兩相等兩邊各加一根得四十二兩與三十八兩多一根相等再各減去三十八兩則餘四兩與一根相等卽牛一頭之價此二色和數方程法

(五九)設如有錢買桃梨二色桃四个比梨八个少錢十二文桃九个比梨六个多錢二十一文問桃梨各價若干

法借一根爲桃一个之價則前桃四个之共價爲四

根前梨八个之共價爲十二文多四根而後桃九个之共價爲九根乃以前梨八个爲一率共價十二文多四根爲二率後梨六个爲三率求得四率九文多三根爲後梨六个之共價加後桃比梨多錢二十一文得三十文多三根與後桃九个之共價九根相等九桃比六梨多二十一文故以二十一文與六梨之價相加即與九桃之價等也○愚意借一根爲梨一个之價則八梨即爲八根六梨即爲六根夫四桃比梨八根而少十二文則九桃比梨十八根當少二十七文矣今梨止六根故不但不能多于九桃二十七文而反少二十一文合之共少四十八文是所少四十八文與所少十二根等也以十二除四十八得每根四文矣兩邊各減去三根則餘三十文與六根相等三十文既與六根相等則五文必與一根相等即桃一个之價此二色較數方程法

又設如有銀買緞紗紬三色初次買緞二匹紗六匹紬八匹共價八十四兩二次買緞一匹紗四匹紬七匹共價六十兩三次買緞三匹紗五匹紬九匹共價九十兩問緞紗紬每匹各價若干

法借一根爲紬每匹之價則初次紬之共價爲八根二次紬之共價爲七根三次紬之共價爲九根而初次緞之共價爲八十四兩少八根仍少紗六匹乃以初次緞二匹爲一率緞價八十四兩少八根仍少紗六匹爲二率二次緞一匹爲三率求得四率四十二兩少四根仍少紗三匹爲二次緞價加入二次紬價七根紗四匹得四十二兩多三根仍多紗一匹爲二

次緞一匹紗四匹紬七匹之共價與二次共價六十兩相等兩邊各減去四十二兩餘三根多紗一匹與十八兩相等再各減去三根餘紗一匹與十八兩少三根相等即紗一匹之價為十八兩少三根也又以二次緞一匹為一率緞價四十二兩少四根仍少紗三匹為二率三次緞三匹為三率求得四率一百二十六兩少十二根仍少紗九匹為三次緞價加入三次紬價九根紗五匹得一百二十六兩少三根仍少紗四匹為三次緞三匹紗五匹紬九匹之共價與三次共價九十兩相等兩邊各加紗四匹得一百二十六兩少三根與九十兩多紗四匹相等再各減去九

十兩。餘三十六兩少三根。與紗四匹相等。即紗四匹之價爲三十六兩少三根也前所得紗一匹之價爲十八兩少三根今又得紗四匹之價爲三十六兩少三根此二分雖同而匹數不一故又以紗一匹爲一率。前所得之紗一匹之價十八兩少三根爲二率今紗四匹爲三率求得四率。七十二兩少十二根爲紗四匹之價乃與後所得紗四匹之價三十六兩少三根相等。兩邊各加十二根。得二十六兩多九根與七十二兩相等。再各減去三十六兩。餘九根與三十六兩相等。九根既與三十六兩相等。則一根必與四兩相等。即紬一匹之價也。紗一匹之價既爲十八兩少

三根則於十八兩內減去三根之共數十二兩餘六兩即紗一匹之價此三色和數方程法

（五）設如甲乙丙三人各有銀買銅鐵錫三色甲買銅二斤鐵二斤錫一斤共銀九錢乙買銅三斤比鐵六斤錫二斤之價多二錢丙買銅二斤鐵四斤與錫四斤之價相等問銅鐵錫每斤各價若干

法借一根爲錫每斤之價則甲錫之價即爲一根乙錫之價爲二根丙錫之價爲四根而甲銅之共價爲九錢少一根仍少鐵二斤乃以甲銅二斤爲一率銅價九錢少一根仍少鐵二斤爲二率乙銅三斤爲三率求得四率一兩三錢五分少一根半仍少鐵三斤

爲乙銅三斤之價內減比錫二斤鐵六斤所多之二錢餘一兩一錢五分少一根半仍少鐵三斤與乙錫二斤之共價二根多鐵六斤相等兩邊各加鐵三斤得一兩一錢五分少一根半與二根多鐵九斤相等再各減去二根餘一兩一錢五分少三根半與鐵九斤相等即鐵九斤之價爲一兩一錢五分少三根半也又以甲銅二斤之共價九錢少一根仍少鐵二斤即爲丙銅二斤之共價丙銅與甲銅俱爲二斤故其共價相等省一四率也加鐵四斤得九錢少一根多鐵二斤與丙錫四斤之共價四根相等兩邊各加一根得九錢多鐵二斤與五根相等再各減去九錢餘鐵二斤與五根少九錢相

等。卽鐵二斤之價爲五根少九錢也前所得鐵九斤之價爲一兩一錢五分少三根半今又得鐵二斤之價爲五根少九錢此二分雖同而斤數不一故又以鐵二斤爲一率今所得之鐵二斤之價五根少九錢爲二率前所得之鐵九斤爲三率求得四率二十二根半少四兩零五分爲鐵九斤之價乃與前所得鐵九斤之價一兩一錢五分少三根半相等兩邊各加四兩零五分得二十二根半與五兩二錢少三根半相等再各加三根半得二十六根與五兩二錢相等則一根必與二錢相等卽錫每斤之價也鐵二斤之價既爲五根少九錢則以五根之共數一兩內減去

九錢。餘一錢。爲鐵二斤之共價。半之得五分。即鐵每斤之價。此三色和較兼用方程法

算迪卷六

算迪卷六

譚瑩玉生覆校

算迪卷七

南海　何夢瑤　報之撰

面類

（一）設如大小兩正方面積共二百一十八尺其大方面積比小方面積多一百二十尺問大小方面積各幾何

法借一根爲小方面每邊之數自乘得一平方爲小方面積則大方面積爲一平方多一百二十尺兩數相加得二平方多一百二十尺與共積二百一十八尺相等一百二十尺與二百一十八尺各減去一百二十餘二平方與九十八尺相等二平方既與九十八尺相等則一平方必與四十九尺相等卽小方面

積加一百二十尺得一百六十九尺卽大方面積也

此卽減法因面類之首故設此最易者焉

（二）設如甲乙二長方面積共三百尺甲長八尺乙長一丈四尺其甲闊比乙闊爲二倍問二長方闊數積數各幾何

法借一根爲乙之闊數則甲之闊爲二根以一根與一丈四尺相乘得十四根爲乙之面積以二根與八尺相乘得十六根爲甲之面積相加得三十根與三百尺相等三十根旣與三百尺相等則一根必與十尺相等卽乙之闊數此歸除法

（三）設如有甲乙丙三長方甲方闊十尺不知長乙方闊十

六尺。長與甲等。丙方闊四尺。面積與甲之長相等。又甲乙二方之共面積與丙方之長數相併爲三千一百五十尺。問三方各長若干。

法借一根爲甲方之長數。以闊十尺乘之。得十根。爲甲方之面積。乙方之長與甲等。亦爲一根。以闊十六尺乘之。得十六根。爲乙方之面積。丙方之面積與甲之長相等。亦爲一根。以闊四尺除之。得四分根之一。爲丙方之長數。以甲方之面積十根。乙方之面積十六根。丙方之長數四分根之一。相併共得二十六根又四分根之一。與三千一百五十尺相等。則一根必與一百二十尺相等。卽甲方之長數。此歸除法。

㊃如長方形長闊和五百零四丈。面積爲闊自乘之七倍。問長闊。　曰長四百四十一丈。　闊六十三丈。

法借一根爲闊數。則長數爲五百零四丈少一根。以闊一根與長五百零四丈少一根相乘。得五百零四根少一平方。爲長方面積。又以闊一根自乘得一平方。七因之。得七平方。亦爲長方面積。而與五百零四根少一平方相等。兩邊各加一平方。得八平方與五百零四根相等。各降一位。則爲八根與五百零四丈相等。蓋眞根方。乃相連比例。故可降也。何則。如根爲二。平方爲四。立方爲八。皆爲二與一之比例。以八乃兩个四。四乃兩个二。二乃兩个一。故平方四之比根二。無異根二之比眞一也。又如根爲三。平方爲九。立方爲二十七。皆三與一之比例。以二十七乃三个九。九乃三个三。三乃三个一。故平方九之比根三。

無異根三之比眞一。而一根必與六十三丈相等。即
故可降也。後倣此。
長方之闊數也。餘可知矣。此比例法。

㊄設如有樓一座。不知高數。正方池一面。不知邊數。但云以六丈與樓之高數相乘。與池之邊數等。以一百零八丈與樓之高數相乘。與池之面積等。問樓高及池邊數各幾何

法借一根爲樓之高數。以一根與六丈相乘。得六根爲池之邊數。自乘得三十六平方。爲池之面積。又以一根與一百零八丈相乘。得一百零八根。亦爲池之面積。是爲三十六平方與一百零八根相等。各降一位。則爲三十六根與一百零八丈相等。則一根必與

三丈相等即樓之高數。此面積相除法。

⑥設如甲乙二人有銀不言兩數但知其銀之比例同於八與五若以二人銀相併則與二人銀相乘之數等問二人銀各若干

法借八根爲甲銀數五根爲乙銀數相乘得四十平方又以八根與五根相加得一十三根與四十平方相等四十平方與十三根各降一位則爲四十根與十三兩相等四十根既與十三兩相等則八根必與二兩六錢相等即甲銀數五根必與一兩六錢二分五釐相等即乙銀數兩數相加得四兩二錢二分五釐若以兩數相乘亦得四兩二錢二分五釐也。此比例法

⑦設如有大小正方池。小池每邊爲大池每邊之三分之一。二池共邊數爲二池共面積之五十分之一。問二池邊數面積各幾何

法借一根爲小池每邊之數。則大池每邊之數爲三根。兩邊數相加得四根。又以一根自乘得一平方爲小池面積。以三根自乘得九平方爲大池面積。兩面積相加得十平方爲二池共邊之五十倍。乃以共邊四根以五十乘之得二百根。是爲十平方與二百根相等。十平方與二百根各降一位。則爲十根與二百丈相等。十根既與二百丈相等。則一根必與二十丈相等。卽小池每邊之數。此二正方邊線面積比例法。

（八）設如有甲乙丙三正方乙方每邊爲甲方每邊之四分之一丙方每邊爲甲方每邊之八分之一而乙丙兩方之共面積爲甲方每邊之十倍問三方邊數面積各幾何

法借八根爲甲方每邊之數則乙方每邊之數爲二根丙方每邊之數爲一根以二根自乘得四平方爲乙方面積以一根自乘得一平方爲丙方面積兩面積相加得五平方爲甲方每邊之十倍乃以甲方每邊八根十因之得八十根是爲五平方與八十根相等五平方與八十根各降一位則爲五根與八十尺相等五根既與八十尺相等則一根必與十六尺相

等卽丙方每邊之數此三正方邊線面積比例法

(九)設如有甲乙二正方甲方爲乙方每邊之三倍以甲方邊四分之一與乙方面積相乘則與甲方面積等問二方邊數面積各幾何

法借十二根爲甲方每邊之數則乙方每邊之數爲四根以十二根自乘得一百四十四平方爲甲方面積以四根自乘得一十六平方爲乙方面積取甲方邊四分之一三根與乙方面積一十六平方相乘得四十八立方是爲四十八立方與一百四十四平方相等各降二位則爲四十八根與一百四十四尺相等四十八根既與一百四十四尺相等則十二根必

與三十六尺相等即甲方每邊之數此二正方邊線面積比例法

(十)設如有大小二正方大方邊與小方邊之比例同於五與三大方面積比小方面積多二千三百零四丈問大小二方邊各幾何

法借三根爲小方每邊之數則大方每邊之數爲五根以三根自乘得九平方爲小方之面積以五根自乘得二十五平方爲大方之面積二面積相減餘一十六平方與二千三百零四丈相等一十六平方既與二千三百零四丈相等則一平方必與一百四十四丈相等開平方得一十二丈爲一根之數三因之得三十六丈即小方每邊之數此二正方比例開平方法

（十一）設如有甲乙二正方甲方每邊爲乙方每邊之三倍又有丙一長方其長與甲方之每邊等其闊與乙方之每邊等三方面積共二萬零八百丈問三方邊數面積各若干

法借一根爲乙方每邊之數則甲方每邊之數爲三根以一根自乘得一平方爲乙方之面積以三根自乘得九平方爲甲方之面積以一根與三根相乘得三平方爲丙方之面積三面積相加得一十三平方與二萬零八百丈相等十三平方既與二萬零八百丈相等則一平方必與一千六百丈相等卽乙方之面積開平方得四十丈爲一根之數卽乙方每邊之

⑫設如有兵二萬九千四百八十四名。欲排作三軍。俱爲數。此二正方比例開平方法。正方。弟二軍每邊比弟一軍每邊爲三倍。弟三軍每邊比弟二軍每邊亦爲三倍。問三軍兵數各若干。

法借一根爲弟一軍每邊之數。則弟二軍每邊之數爲三根。弟三軍每邊之數爲九根。以一根自乘得一平方爲弟一軍之總數。以三根自乘得九平方爲弟二軍之總數。以九根自乘得八十一平方爲弟三軍之總數。三總數相加得九十一平方與二萬九千四百八十四相等。九十一平方既與二萬九千四百八十四相等。則一平方必與三百二十四相等。卽弟一軍之總數開平方得十八爲一根之數卽第一軍每邊之數也。此三正方比例開平方法。

⑬設如一正方一長方。俱不知其邊數但知長方之面積爲八萬一千尺其長爲正方邊之十五分之二其闊爲正方邊之二十五分之三問二方邊各若干

法借一根爲正方每邊之數則長方之長爲十五分根之二長方之闊爲二十五分根之三以正方邊一根自乘得一平方之面積以長方之長闊相乘得三百七十五分平方之六以兩分母十五與二十五相乘得三百七十五以兩分子二與三相乘得六故爲三百七十五之六爲長方面積是爲三百七十五分平方之六與八萬一千尺相等乃以六分爲一率

八萬一千尺爲二率三百七十五分爲三率求得四率五百零六萬二千五百尺與一平方相等蓋三百七十五分平方之六六者將一平方分爲三百七十五分而得其六分也六分既爲八萬一千尺則三百七十五分必爲五百零六萬二千五百尺也開平方得二千二百五十尺爲一根之數卽正方每邊之數其十五分之二爲三百尺卽長方之長其二十五分之三爲二百七十尺卽長方之闊相乘得八萬一千尺以合原數也此帶分比例開平方法

⑭設如有大小二正方大方比小方每邊多六尺面積多一千七百一十六尺問二方邊數面積各幾何

法借一根爲小方每邊之數則大方每邊之數爲一

根多六尺以一根自乘得一平方爲小方之面積以一根多六尺自乘得一平方多十二根多三十六尺爲大方之面積大方旣比小方面積多一千七百一十六尺則以小方之面積一平方加一千七百一十六尺與大方之面積一平方多十二根多三十六尺相等兩邊各減去一平方又各減三十六尺得十二根與一千六百八十尺相等十二根旣與一千六百八十尺相等則一根必與一百四十尺相等卽小方每邊之數此二正方有邊較積較求邊法

（十五）設如有大小二正方大方比小方每邊多二尺面積共一百尺問二方邊數及面積　曰小方邊六尺面積

三十六尺。大方邊八尺。面積六十四尺。

法借一根爲小方邊數。則大方邊爲一根多二尺。以一根自乘得一平方。爲小方面積。以一根多二尺自乘得一平方多四根又多四尺。爲大方面積。兩積相加得二平方多四根又多四尺。與一百尺相等。兩邊各減四尺。餘二平方多四根與九十六尺相等。則一平方多二根必與四十八尺相等。以二平方除九十八尺得此數後做此。乃以四十八尺爲長方積。以二根作二尺爲長闊較。照上帶縱平方篇弟一條法算之。得闊六尺爲一根之數。卽小方邊也。而餘可知。此二正方有邊較積和求邊法。

（十六）如大小正方邊數共十四尺。面積共一百尺。問各邊各積。答如前。

法借一根爲小方邊數。則大方邊爲十四尺少一根。以一根自乘得小方積一平方。以十四尺少一根自乘得大方積一百九十六尺少二十八根多一平方。兩積相加得一百九十六尺少二十八根多二平方。與一百尺相等。兩邊各加二十八根得一百九十六尺多二平方與一百尺多二十八根相等。又各減一百尺得九十六尺多二平方與二十八根相等一根六尺。二十八根共一百六十八尺。又一平方三十六尺。共七十二尺。加九十六尺。亦得一百六十八尺。爲相等也。則四十八尺多一平方。必與十四根相等。乃以四十八尺爲長方積。以十四根作十四尺爲長闊和。照上帶縱平方篇弟三條法算之。得闊六尺。爲一根之數。卽小方邊也。而餘可知。此二正方邊和積和求邊法。

（七）設如有大小二正方邊數共一百一十尺。大方比小方面積爲五倍少四尺。問二方邊數面積各幾何。

法借一根爲小方每邊之數。則大方每邊之數爲一百一十尺少一根。以一根自乘得一平方爲小方之面積。以一百一十尺少一根自乘得一萬二千一百尺。少二百二十根。多一平方。爲大方之面積。大方旣比小方面積爲五倍少四尺。則將小方加五倍。將大方加四尺。是爲五平方與一萬二千一百零四尺少二百二十根多一平方相等。兩邊各減一平方得四平方。與一萬二千一百零四尺少二百二十根相等。四平方。既與一萬二千一百零四尺少二百二十根相等。則一平方。必與三千零二十六尺少五十五根相等。乃以三千零二十六尺爲長方積以五十五根作五十五尺。爲長闊較照上帶縱平方篇弟一條法算之得闊三十六尺。爲一根之數。卽小方每邊之數。

此亦二正方有邊和積較法。但積較有倍分耳。

(十八)設如有一長方。又有大小二正方。三面積共四百四十一丈。大正方邊。與長方之長等。小正方邊與長方之闊等。但知小正方邊爲九丈。問大正方邊若干

法借一根爲大方每邊之數。自乘得一平方爲大方

之面積以九丈自乘得八十一丈爲小方之面積以九丈與一根相乘得九根爲長方之面積三面積相加得一平方多九根又多八十一丈與四百四十一丈相等兩邊各減八十一丈得一平方多九根與三百六十丈相等乃以三百六十丈爲長方積以九根作九丈爲長闊較照上帶縱平方篇第一條法算之得闊十五丈爲一根之數卽大方每邊之數此帶縱較數開平方法

（九）設如有一長方又有大小二正方三面積共四百五十七丈長方之長與大正方邊等長方之闊與小正方邊等長闊共二十四丈問長闊各幾何

法借一根爲長方之闊則長方之長爲二十四丈少一根以一根自乘得一平方爲小正方之面積以二十四丈少一根自乘得五百七十六丈少四十八根多一平方爲大正方之面積以一根與二十四丈少一根相乘得二十四根少一平方爲長方之面積三面積相加得一平方少二十四根多五百七十六丈與四百五十七丈相等兩邊各加二十四根得一平方多五百七十六丈與二十四根多四百五十七丈相等兩邊各減四百五十七丈得一平方多一百一十九丈與二十四根相等乃以一百一十九丈爲長方積以二十四根作二十四丈爲長闊和照上帶縱

平方篇弟三條法算之得闊七丈爲一根之數卽長方之闊此帶縱和數開平方法

(下)設如有一長方其面積八萬三千二百三十二丈又有一正方其每邊與長方之闊等若以正方面積自乘則與兩方之共面積等問二方邊數各若干

法借一根爲正方之面積自乘得一平方爲正方面積自乘之數又以一根與八萬三千二百三十二丈相加得一根多八萬三千二百三十二丈是爲一根多八萬三千二百三十二丈與一平方相等乃以八萬三千二百三十二丈爲長方積以一根作一丈爲長闊較照上帶縱平方篇弟二條法算之得長二百

八十九丈爲一根之數即正方之面積亦即長方之長開平方得一十七丈即正方之邊亦即長方之闊

㊂設如有銀買駝馬共六十一匹駝每匹之價與共駝數等馬每匹之價與共馬數等今賣馬一匹之價與共駝數等賣駝一匹之價爲共馬數之二倍共得利銀七百一十九兩問駝馬數及每匹價各若干 此帶縱較數開平方法

法借一根爲共馬數則六十一匹少一根爲共駝數以共馬數一根自乘得一平方爲買馬之共價以共駝數六十一匹少一根自乘得三千七百二十一兩少一百二十二根多一平方爲買駝之共價兩共價

相加得三千七百二十一兩少一百二十二根多二平方為買駝馬之總銀數又以共馬數一根與共駝數六十一匹少一根相乘（即馬一匹之價）得六十一根少一平方為賣馬之共銀數以共駝數六十一匹少一根與二倍共馬數二根相乘（即駝一匹之價）得一百二十二根少二平方為賣駝之共銀數兩共銀數相加得一百八十三根少三平方為賣駝馬之總銀數內減買駝馬總銀數三千七百二十一兩少一百二十二根多二平方餘三百零五根少五平方又少三千七百二十一兩與利銀七百一十九兩相等兩邊各加三千七百二十一兩得三百零五根少五平方與四千四

百四十兩相等三百零五根少五平方既與四千四百四十兩相等則六十一根少一平方必與八百八十八兩相等乃以八百八十八兩爲長方積以六十一根作六十一爲長闊和照上帶縱平方篇弟三條算之得闊二十四爲一根之數卽馬數亦卽馬每匹之價爲二十四兩也以二十四匹與六十一匹相減餘三十七匹卽共駝數亦卽駝每匹之價爲三十七兩也此帶縱和數開平方法

(三)設如有木匠瓦匠共三十名又有匠頭不知名數但知每匠頭一人得銀三十六兩其木匠一人之銀數與瓦匠之人數等瓦匠一人之銀數與木匠之人數等

而匠頭之人數與木匠瓦匠相差之數等匠頭之共銀數與木匠之共銀數等問匠頭與木匠瓦匠之人數及每人所得之銀數各幾何

法借一根爲木匠之人數則瓦匠之人數爲三十少一根以一根與三十少一根相乘得三十根少一平方爲木匠之共銀數亦爲瓦匠之共銀數又以木匠之人數一根與瓦匠之人數三十少一根相減得三十少二根爲匠頭之人數與每人三十六兩相乘得一千零八十兩少七十二根爲匠頭之總銀數與木匠之共銀數三十根少一平方相等兩邊各加七十二根得一百零二根少一平方與一千零八十兩相

等。乃以一千零八十兩爲長方積。以一百零二根作一百零二。爲長闊和。照上帶縱平方篇弟三條法算之。得闊一十二。爲一根之數。卽木匠之人數。以一十二人與三十人相減。餘一十八人。卽瓦匠之人數。此帶縱和數開平方法。

（三十二）如馬騾馱物。不知馬騾之數。但知馬多於騾十匹。馬共馱一萬二千斤。騾亦共馱一萬二千斤。而騾一匹所馱之數。比馬一匹所馱之數多四十斤。問馬騾數及各馱數。　曰馬六十匹。每匹馱二百斤。　騾五十匹。每匹馱二百四十斤。

法借一根爲騾數。則馬數爲一根多十匹。以騾一根除所駄一萬二千斤。得一根之一萬二千斤。以一根除一萬二千斤仍得一萬二千斤而一根爲騾之共數則一萬二千斤仍爲共騾所駄之數未能分出一騾所駄爲若干也則因不知騾之共數爲五十匹而但以一根名之也然則欲分出一騾所駄之數不得不以通分法命之曰一根之一萬二千斤蓋一根者分母也一萬二千斤者分子也如以一百二十五爲法除一則命之曰一百二十五之一是也爲騾一匹所駄之數以馬一根多十匹除一萬二千斤得一根多十匹之一萬二千斤一根多十匹爲母一萬二十斤爲子爲馬一匹所駄之數因兩分母不同。一爲一根二爲一根多十匹也乃用互乘法以齊其分將馬分母一根多十匹與騾分母一根相乘得一平方多十根爲總母又將馬分母一根多十匹互乘騾分子一萬二千斤得一萬二千根多十二萬斤是變騾分母一根分子一萬二

騾一根　　一萬二千斤　一萬二千斤多十二萬斤

互一平方多十根

馬一根多十匹　　一萬二千斤　一萬二千斤

千斤。爲騾分母一平方。多十根分子一萬二千根。多十二萬斤也。一根共騾數也。一萬二千斤。乃一根之一萬二千斤。則一騾所䭾數也。一騾所䭾數爲一根之一萬二千斤。則以共騾之一根乘之。必得共䭾一萬二千斤矣。而一平方多十根。亦共騾數也。以共騾之一平方多十根乘一騾䭾一根之一萬二千斤。必得䭾一萬二千根。多十二萬斤矣。兩邊各減一萬二千根。餘一十二萬斤。爲騾一平方多十根比馬一平方多十根之贏數。又以騾一平方多十根乘每匹䭾多於馬四十斤。得四十平方多四百斤亦爲騾比馬多䭾之數。是四十平方多四百根與十二萬斤相等。則一平方多十根。必與三千斤相等矣。

乃以三千斤作三千尺爲長方積以十根作十尺爲長闊較照上帶縱平方篇弟一條法算之得闊五十尺爲一根之數卽騾數也而餘可知此帶縱較數開平方法

（二十四）設如有數一十萬欲分爲大小兩分與全分爲相連比例三率問大小兩分各幾何

法借一根爲大分則小分爲十萬少一根是全分十萬爲首率而一根爲中率十萬少一根爲末率矣乃以首率十萬與末率十萬少一根相乘得一百億少十萬根而與中率一根自乘之一平方相等乃以一百億爲長方積十萬根作十萬爲長闊較照上帶縱平方篇弟一條法算之得闊六萬一千八百零三爲

一根之數即大分與全分十萬相減餘三萬八千一百九十七即小分也蓋十萬與六萬一千八百零三之比即同於六萬一千八百零三與三萬八千一百九十七之比而爲相連比例之三率也此即求圜內容十邊法

(十五)設如有股二十尺句弦較十尺問句弦各幾何

法借一根爲句數則一根多一十尺爲弦數以一根自乘得一平方爲句自乘之數以一根多一十自乘得一平方多二十根又多一百尺爲弦自乘之數兩自乘之數相減得二十根多一百尺爲股自乘之數而與股二十尺自乘之四百尺爲相等兩邊各減一百尺得二十根與三百尺相等二十根既與三百尺

相等則一根必與一十五尺相等即句數加句弦較十尺得二十五尺即弦數也（此句股弦和較相求法。）

（二十六）設如有股二十四尺句弦和三十二尺問句弦各幾何

法借一根爲句數則三十二尺少一根爲弦數以一根自乘得一平方爲句自乘之數以三十二尺少一根自乘得一千零二十四尺少六十四根多一平方爲弦自乘之數兩自乘之數相減得一千零二十四尺少六十四根爲股自乘之數而與股二十四尺自乘之五百七十六尺爲相等兩邊各加六十四根得一千零二十四尺與五百七十六尺多六十四根相等兩邊各減五百七十六尺得四百四十八尺與六

十四根相等。則七尺必與一根相等。卽句數。以句七尺與句弦和三十二尺相減。餘二十五尺。卽弦數也。

此句股弦和較相求法。

㊏設如有弦五尺。句弦和七尺。問句股各幾何。

法借一根爲股數。則七尺少一根爲句數。以一根自乘得一平方。爲股自乘之數。以七尺少一根自乘得四十九尺少一十四根多一平方。爲句自乘之數。兩自乘數相加。得四十九尺少一十四根多二平方。爲弦自乘之數。而與弦五尺自乘之二十五尺爲相等。兩邊各加一十四根。得四十九尺多二平方。與二十五尺多一十四根相等。兩邊各減四十九尺。得二平方與一十四根少二十四尺相等則一平方必與七根少十二尺相等乃以十二尺爲長方積七根作七尺爲長闊和照上帶縱平方篇弟四條法算之得長四尺爲一根之數卽股數以股四尺與句股和七尺相減餘三尺卽句數也如圖甲乙丙句股形甲乙股四尺乙丙句三尺甲丙弦五尺甲丁句股和七尺甲丁戊巳爲句股和自乘方辛丙庚巳爲股自乘方乙丁壬丙爲句自乘方借一根爲股數者卽甲乙也（壬戊巳庚皆與甲乙等爲一根數）一根自乘得一平方爲股自乘方者卽辛丙庚巳也七尺少一根自乘得四十九尺少十四根多一平方爲句自乘方者卽甲丁戊巳句股和

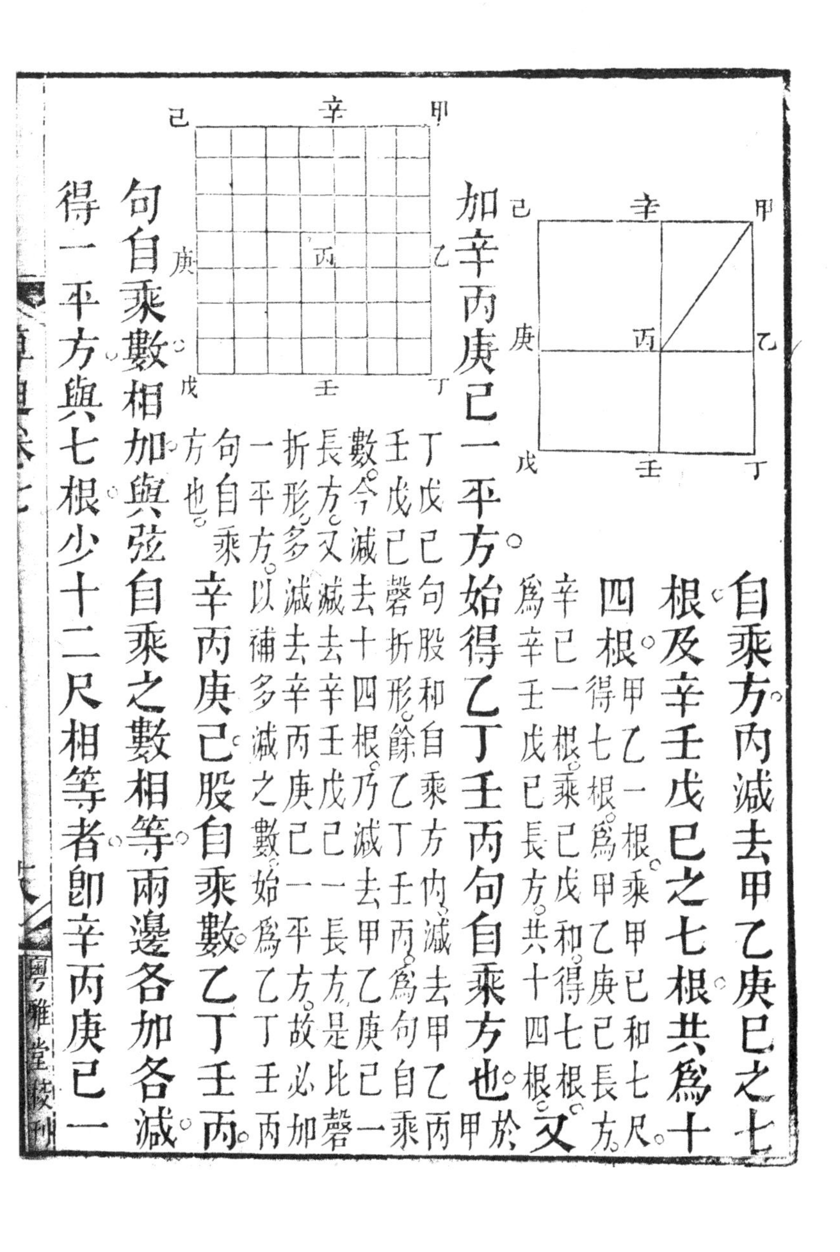

自乘方。內減去甲乙庚巳之七根。及辛壬戊巳之七根共爲十四根。甲乙一根。乘甲巳和七尺。得七根。爲甲乙庚巳長方。辛巳一根。乘巳戊和。得七根。爲辛壬戊巳長方。共十四根。又加辛丙庚巳一平方。始得乙丁壬丙句自乘方也。於甲丁戊巳句股和自乘方內減去甲乙丙壬戊巳磬折形。餘乙丁壬丙。爲句自乘數。今減去十四根。乃減去甲乙庚巳一長方。又減去辛壬戊巳一長方。是比磬折形多減去辛丙庚巳一平方。故必加一平方。以補多減之數。始爲乙丁壬丙句自乘方也。辛丙庚巳。股自乘數。乙丁壬丙。句自乘數相加。與弦自乘之數相等。兩邊各加各減。得一平方。與七根少十二尺相等者。卽辛丙庚巳一

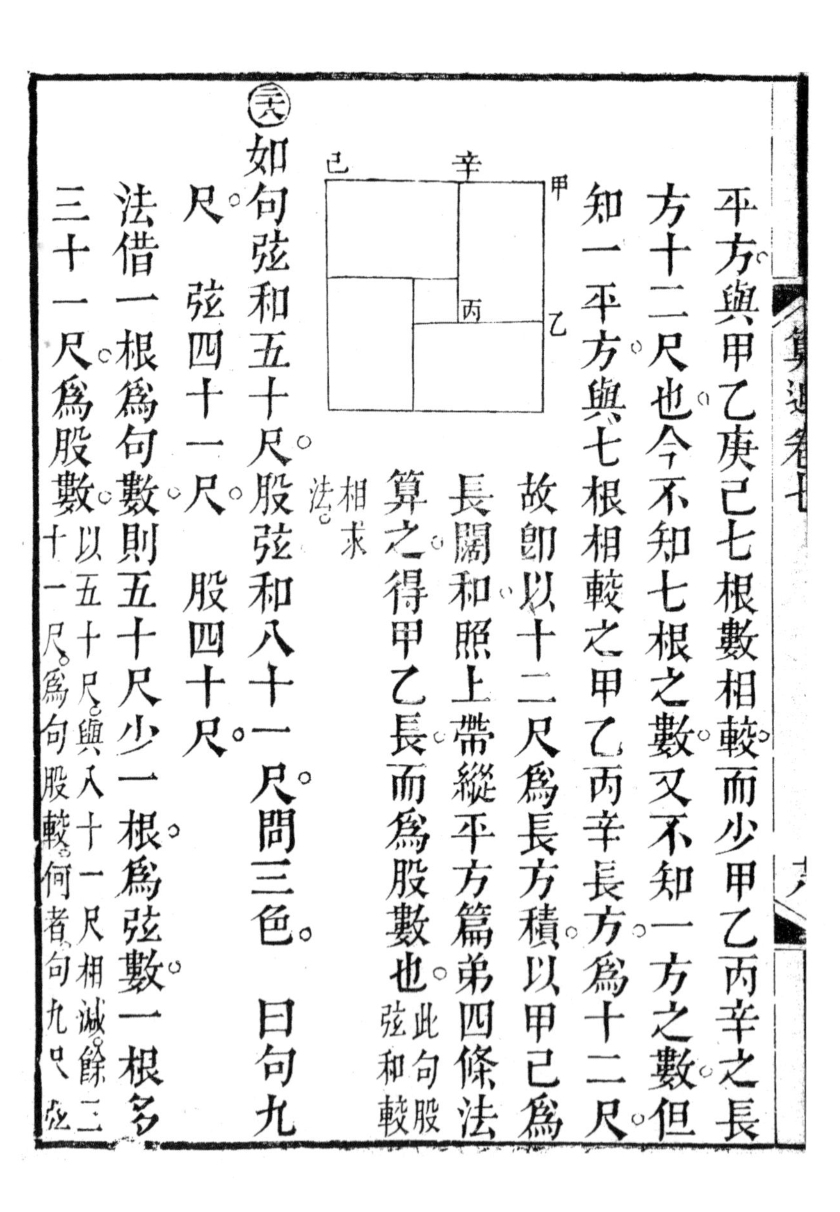

平方。與甲乙庚己七根數相較。而少甲乙丙辛之長方十二尺也。今不知七根之數。又不知一方之數。但知一平方與七根相較之甲乙丙辛長方爲十二尺。故即以十二尺爲長方積。以甲己爲長闊和。照上帶縱平方篇第四條法算之。得甲乙長而爲股數也。此句股弦和較相求法。

（二六）如句弦和五十尺。股弦和八十一尺。問三色。　曰句九尺。　弦四十一尺。　股四十尺。

法借一根爲句數。則五十尺少一根爲弦數。一根多三十一尺。爲股數。以五十尺。與八十一尺相減。餘三十一尺。爲句股較。何者。句九尺。弦四十一尺合爲五十尺股四十尺弦四十一尺合爲八十一尺兩邊弦各四十一尺已對減盡一邊餘句九尺一邊餘股四十尺股較句多三十一尺故兩邊又各減九尺所餘三十一尺爲句股較也故以句一根加句股較三十一尺即爲股數以句一根自乘得一平方以弦五十尺少一根自乘得二千五百尺少一百根多一平方以股一根多三十一尺自乘得一平方多六十二根又多九百六十一尺以股自乘數與弦自乘數相減餘一千五百三十九尺少一百六十二根亦爲句自乘數而與句一根自乘之一平方相等乃以一千五百三十九尺爲長方積以一百六十二根作一百六十二尺爲長闊較照上帶縱平方篇弟一條法算之得闊九尺爲一根之數即句數也而餘可知此句股弦

和較相求法。

（三九）設如有句股和二十三尺。句弦和二十五尺。問句股弦各幾何。

法借一根爲句數。則二十三尺少一根爲股數。二十五尺少一根爲弦數。以一根自乘得一平方。爲句自乘之數。以二十三尺少一根自乘得五百二十九尺少四十六根多一平方。爲股自乘之數。以二十五尺少一根自乘。得六百二十五尺少五十根多一平方。爲弦自乘之數。以股自乘之數與弦自乘之數相減。得九十六尺少四根。亦爲句自乘之數。而與句數一根自乘之一平方爲相等。乃以九十六尺爲長方積四根作四尺。爲長闊較。照上帶縱平方篇第一條法算之得闊八尺。爲一根之數。卽句數。此句股弦和較相求法。

（三十）設如有股弦和二十五尺。句弦較八尺。問句股弦各幾何。

法借一根爲股數。則二十五尺少一根爲弦數。十七尺少一根爲句數。股弦和二十五尺內減句弦較八尺。得一十七尺。爲句股和。故句爲十七尺少一根。以一根自乘得一平方爲股自乘之數。以一十七尺少一根自乘得二百八十九尺少三十四根多一平方爲句自乘之數。以二十五尺少一根自乘得六百二十五尺少五十根多一平方爲弦自乘之數。以句自乘之數與弦自乘之數相減得三百三十六尺少一十六根亦爲股自乘之數而與股數一根自乘之一平方爲相等乃以三百三十六尺爲長方積十六根作十六尺爲長闊較照上帶縱平方篇弟一條法算之得闊十二尺爲一根之數即股數此句股弦和較相求法

（三十二）設如有股弦較一尺句弦較三十二尺問句股弦各幾何

法借一根爲句數則一根多三十二尺爲弦數一根多三十一尺爲股數股弦較與句弦較相減餘三十一尺爲句股較故股爲一根多三十一尺也以一根自乘得一平方爲句自乘之數以一根多三十二尺自乘得一平方多六十四根又多一

千零二十四尺。爲弦自乘之數。以一根多三十一尺。自乘得一平方多六十二根又多九百六十一尺。爲股自乘之數。以股自乘之數與弦自乘之數相減得二根多六十三尺。亦爲句自乘之數而與句一根自乘之一平方爲相等。乃以六十三尺爲長方積。以二根作二尺爲長闊較。照上帶縱平方篇第二條法算之得長九尺爲一根之數。即句數。此句股弦和較相求法。

（三十三）設如有句股和七十三尺。句弦較與股弦較之和三十尺。問句股弦各幾何

法借一根爲句數。則七十三尺少一根爲股數五十三尺爲弦數。以句股和七十三尺。加句弦較與股弦較之和三十三尺。得一百零六尺。即二

弦數蓋句加句弦較卽弦股加股弦較亦以一根自卽弦也故半之得五十三尺爲弦數也乘得一平方爲句自乘之數以七十三尺少一根自乘得五千三百二十九尺少一百四十六根多一平方爲股自乘之數以五十三尺自乘得二千八百零九尺爲弦自乘之數以股自乘之數與弦自乘之數相減得一百四十六根少二千五百二十尺又少一平方亦爲句自乘之數而與句數一根自乘之一平方爲相等兩邊各加一平方得一百四十六根少二千五百二十尺與二平方相等則七十三根少一千二百六十尺必與一平方相等乃以一千二百六十尺爲長方積七十三根作七十三尺爲長闊和照上

帶縱平方篇弟三條法算之得闊二十八尺爲一根之數卽句數此句股弦和較相求法。

設如有句股弦總和一百五十尺句股較股弦較句弦較共八十尺問句股弦各幾何

法借一根爲句數則一根多四十尺爲弦數將三較共八十尺折半得四十尺卽句弦較蓋弦多於股股又多於句卽弦多於句也。一百一十尺少二根爲股數總和一百五十尺內減去句數一根又減去弦數一根多四十尺得一百一十尺少二根爲股數。以一根自乘得一平方爲句自乘之數以一根多四十尺自乘得一平方多八十根又多一千六百尺爲弦自乘之數以一百一十尺少二根自乘得一萬二千一百尺少四百四十根多四平方爲股自乘之數以股自乘之數與弦自乘之數相減得五百二十根少三平方又少一萬零五百尺亦爲句自乘之數而與句數一根自乘之一平方爲相等兩邊各加三平方得五百二十根少一萬零五百尺與四平方相等則一百三十根少二千六百二十五尺必與一平方相等乃以二千六百二十五尺爲長方積以一百三十根作一百三十尺爲長闊和照上帶縱平方篇第三條法算之得闊二十五尺爲一根之數即句數以句二十五尺與句弦較四十尺相加得六十五尺即弦。此句股弦和較相求法。

西 設如有句股和二十三尺弦與句股較之較十尺問句

股弦各幾何

法借一根爲句股較數則一根多十尺爲弦數以一根自乘得一平方爲句股較自乘之數以一根多十尺自乘得一平方多二十根又多一百尺爲弦自乘之數倍之得二平方多四十根又多二百尺內減去句股較自乘之一平方餘一平方多四十根多二百尺爲句股和自乘之數而與句股和二十三尺自乘之五百二十九尺爲相等蓋句股和自乘方內有弦自乘方二而少一句股較自乘方也兩邊各減去二百尺得一平方多四十根與三百二十九尺相等乃以三百二十九尺爲長方積以多四十尺爲長闊較照上帶縱平方篇第一條法算

之得闊七尺爲一根之數即句股較與句股和二十三尺相加得三十尺折半得十五尺爲股内減較七尺餘八尺爲句又以句股較七尺與弦與句股較之較十尺相加得十七尺爲弦也此句股弦和較相求法

（二五）設如有句股積一千零八十尺句股弦總和一百八十尺問句股弦各幾何

法借一根爲弦數則一百八十尺少一根爲句股和數以一根自乘得一平方爲弦自乘之數以一百八十尺少一根自乘得三萬二千四百尺少三百六十根多一平方爲句股和自乘之數又以句股積一千零八十尺四因之得四千三百二十尺與弦自乘之

一平方相加得一平方多四千三百二十尺亦爲句股和自乘之數而與句股和自乘之三萬二千四百尺少三百六十根多一平方爲相等（句股和自乘數內有一弦自乘方有四句股積故四因句股積與弦自乘之數相加即與句股和自乘之數相等也）兩邊各減四千三百二十尺得二萬八千零八十尺少三百六十根多一平方與一平方相等兩邊各加三百六十根得二萬八千零八十尺多一平方與一平方多三百六十根相等兩邊再各減一平方得三百六十根與二萬八千零八十尺相等則一根必與七十八尺相等即弦數以弦七十八尺與一百八十尺相減餘一百零二尺即句股和又以弦自乘得六千零八十

四尺。與四句股積四千三百二十尺。相減餘一千七百六十四尺。平方開之得四十二尺。卽句股較。與句股和一百零二尺。相減餘六十尺。折半得三十尺。卽句數。加句股較四十二尺。得七十二尺。卽股數也。此句股積與句股弦和較相求法。

三六 設如有句股積六十尺。弦與句股和之較六尺。問句股弦各若干。

法借一根爲弦數。則一根多六尺爲句股和數。以一根自乘得一平方。爲弦自乘之數。以一根多六尺自乘。得一平方多十二根多三十六尺。爲句股和自乘之數。又以句股積六十尺。四因之。得二百四十尺。與弦自乘之一平方相加得一平方多二百四十尺亦爲句股和自乘之數而與句股和之一平方多十二根多三十六尺爲相等兩邊各減去一平方得十二根多三十六尺與二百四十尺相等兩邊又各減去三十六尺得十二根與二百零四尺相等則一根必與十七尺相等卽弦數加弦與句股和之較六尺得二十三尺爲句股和用有弦有句股和求句股法算之得股十五尺句八尺也此句股積與句股弦和較相求法。

（十七）設如有三角形大腰十七尺小腰十尺底二十一尺求中垂綫幾何

法借一根爲中垂綫之面積以小腰十尺自乘得一

百尺內減去一根得一百尺少一根爲小分底之面積。中垂綫爲股。小腰爲弦。小分底爲句。於弦積內減去股積。餘爲句積也。又以大腰十七尺自乘得二百八十九尺內減去一根餘二百八十九尺少一根爲大分底之面積。又以底二十一尺自乘得四百四十一尺內減大小兩分底之共面積三百八十九尺少二根餘五十二尺多二根折半得二十六尺多一根爲小分底乘大分底之面積。底邊自乘內有大分底自乘之一正方小分底自乘之一正方小分底乘大分底之二長方。故減去二正方餘數折半即爲小分底乘大分底之一長方也。此數與小分底之面積及大分底之面積爲相連比例三率。蓋大分底之面積爲首率而小分底乘大分底之面積爲中率小分底之面積爲末率也乃以首率大分底之面積二百八十九尺少一根與末率小分底之面積一百尺少一根相乘得二萬八千九百尺少三百八十九根多一平方又以中率小分底乘大分底之面積二十六尺多一根自乘得六百七十六尺多五十二根多一平方此二數爲相等兩邊各加三百八十九根得二萬八千九百尺多一平方與六百七十六尺多四百四十一根多一平方相等兩邊各減一平方得二萬八千九百尺與六百七十六尺多四百四十一根相等兩邊各減去六百七十六尺得二萬八千二百二十四尺與四百四十一根相等則六十四尺必與一根相等

即中垂綫之面積開平方得八尺即中垂綫也。此三角形求中垂綫法。

(三六)設如有三角形底十四尺大腰與中垂綫之較三尺小腰與中垂綫之較一尺求中垂綫及兩腰各幾何

法借一根爲中垂綫則大腰爲一根多三尺小腰爲一根多一尺以一根自乘得一平方爲中垂綫之面積以一根多三尺自乘得一平方多六根多九尺爲大腰之面積内減去中垂綫之面積一平方餘六根多九尺爲大分底之面積以一根多一尺自乘得一平方多二根多一尺爲小腰之面積内減去中垂綫之面積一平方餘二根多一尺爲小分底之面積又

以底十四尺自乘得一百九十六尺內減去大小兩分底之共面積八根多十尺餘一百八十六尺少八根折半得九十三尺少四根為小分底乘大分底之面積此數與大分底之面積及小分底之面積為相連比例三率蓋大分底之面積為首率而小分底乘大分底之面積為中率小分底之面積為末率也乃以首率大分底之面積六根多九尺與末率小分底之面積二根多一尺相乘得十二平方多二十四根多九尺又以中率之小分底乘大分底之面積九十三尺少四根自乘得八千六百四十九尺少七百四十四根多十六平方此二數為相等。兩邊各加七百四十四根得十二平方多七百六十八根多九尺與八千六百四十九尺多十六平方相等兩邊各减十二平方得七百六十八根多九尺與八千六百四十九尺多四平方相等兩邊再各减八千六百四十九尺得七百六十八根少八千六百四十尺與四平方相等則一百九十二根少二千一百六十尺必與一平方相等乃以二千一百六十尺爲長方積以一百九十二根作一百九十二尺爲長闊和照上帶縱平方篇弟三條法算之得闊十二尺爲一根之數卽中垂綫加三尺得十五尺卽大腰加一尺得十三尺卽小腰也此三角形和較相求法。

如三角形。丙丁底五尺。甲乙中垂綫二尺四寸。大小腰之較一尺。求兩腰。

曰小腰三尺　大腰四尺

法借一根爲小腰。則大腰爲一根多一尺。以一根自乘得一平方爲小腰面積。卽甲乙丙形之弦方。內減中垂綫二尺四寸。自乘之面積五尺七寸六分。卽甲乙丙形之股方。餘一平方少五尺七寸六分爲小分底丙乙之面積。卽甲乙丙形之丙乙句方。戊乙以一根多一尺自乘得一平方多二根少一尺爲大腰面積。卽甲乙丁形弦方。內減中垂綫二尺四寸自乘之面積五尺七寸六分。卽甲乙丁形股方。餘一平方多二根少四尺七寸六分爲大分底乙丁之面積。卽甲乙丁形之丁乙句方己乙。又以底丙丁五尺自乘得丙丁辛庚方積二十五尺內減去大小兩分底共面積二平方多二根少十尺零五寸二分餘三十五尺五寸二分少二平方少二根爲戊壬壬己兩長方面積折半得十七尺七寸六分少一平方少一根爲壬己一長方面積乃兩分底相乘之面積也。丙乙小分底也辛己同何者乙丁等丁己則辛己等丙乙也。又辛壬等乙丁大分底也。此數與大分底面積及小分底面積爲連比例三率蓋大分底之面積己乙爲首率兩底相乘之長方積壬己爲中率小分底之面積戊乙爲末率也。試移戊乙爲壬癸。而作庚丁斜線。成庚丙丁句股形。則丁乙邊之比乙子邊。若子癸邊之比癸庚邊。是丁乙爲首率。乙子子癸爲中二率。癸庚爲末率。而邊與邊之比。若面與面之比。故以大分底面積爲首率。兩底相乘之面積爲中率。小分底之面積爲末率也。乃以首率大分底面積。一平方多二根少四尺七寸六分。與末率小分底面積一平方少五尺七寸六分相乘。得一三乘方多二立方少十平方零五二。少一十一根五二。多二十七眞數四一七六。又以中率兩分底相乘面積十七尺七十六寸少一平方少一根自乘。得一三乘方多二立方少三十四平方五二。少三十五根五二。多三百一十五眞數四一七六。此二數爲相等。首末二率相乘與中率自乘等也。兩邊各減一三乘方二立方。又各加三十四平方五二三十五根五二。則一邊補足三百一十五眞數四一七六所少而餘三百一十五眞數四一七六。一邊加三十四平方五二三十五根五二。除去原少十平方零五二少十一根五二。餘二十四平方二十四根二十七眞數四一七六二數爲相等。又兩邊各減二十七眞數四一七六。則一邊餘二百八十八眞數。一邊餘二十四平方二十四根爲相等也。二十四平方多二十四根。既與二百八十八眞數等。則一平方多一根。甲丁大腰爲一根多一眞數。與甲丙小腰相乘。得一平方多一根。必與十二尺相等。乃以十二尺爲長方積。以多一根作一尺爲長闊較。照上帶縱平方篇弟一條法算之。

得闊三尺爲一根。卽小腰。加一尺爲大腰。

（四十）如前問云大腰小腰相和七尺。求大小腰。

法借一根爲小腰。則七尺少一根爲大腰。以一根自乘得一平方爲小腰面積。内減中垂線二尺四寸自乘之五尺七寸六分。餘一平方少五尺七寸六分爲小分底丙乙面積。以後并倣前條之法。惟末以多七根作七尺爲長闊和。照上帶縱平方篇弟三條法算之。得闊三尺爲一根。卽小腰也。

體類

（一）設如有扁方體。高十八尺。若將體積加六倍。則高與長闊皆相等。問長闊之各一邊及體積幾何。

法借一根爲長闊之各一邊數以一根自乘得一平方爲扁方體之面積再以高十八尺乘之得十八平方爲扁方體之體積又以一根與一平方相乘得一立方爲扁方體積之六倍乃以扁方體之體積十八平方六因之得一百零八平方是爲一立方與一百零八平方相等兩邊各降二位得一根與一百零八尺相等卽扁方體之長闊各一邊數也

㈡設如有一長方體高三尺五寸又有一正方體其每一面積與長方體之底面積等而長方體積爲正方體積之五倍問正方體之一邊及體積各幾何

法借一根爲正方體每邊之數以一根自乘得一平

方爲正方體之面積亦卽長方體之底面積以一平方與高三十五寸相乘得三十五平方爲長方體之體積又以一根自乘再乘得一立方爲正方體之體積長方體積既爲正方體之五倍乃以一立方五因之得五立方而與三十五平方爲相等兩邊各降二位得五根與三十五寸相等五根既與三十五寸相等則一根必與七寸相等卽正方體之每一邊之數也

(三)設如有一正方面形又有一正方體形但知正方面每邊爲正方體每邊之八倍而正方面積與正方體積相等問邊線積數各若干

法借一根爲正方體每邊之數則正方面每邊之數爲八根以一根自乘再乘得一立方爲正方體積以八根自乘得六十四平方爲正方面積是爲一立方與六十四平方相等兩邊各降二位得一根與六十四尺相等卽正方體每邊之數此一平方一立方邊數積數比例法。

㊃設如有帶兩縱不同立方體其高與闊之比例同於四與六闊與長之比例同於六與九其高與闊相乘之數爲長數之四倍問高闊長各幾何

法借四根爲高數六根爲闊數九根爲長數以高四根與闊六根相乘得二十四平方與長數之四倍乃以長數九根四因之得三十六根是爲二十四平方

與三十六根相等兩邊各降一位得二十四根與三十六尺相等二十四根旣與三十六尺相等則四根必與六尺相等即高數此帶兩縱不同立方邊線面積比例法

(五)設如有帶兩縱不同立方體長二十四尺高與闊和五十二尺其高與闊相乘之積與長自乘之積等問高闊各若干

法借一根爲高數則闊數爲五十二尺少一根相乘得五十二根少一平方又以長二十四尺自乘得五百七十六尺此二數爲相等乃以五百七十六尺爲長方積以五十二根作五十二尺爲長闊和用帶縱和數開平方法算之得闊十六尺爲一根之數即立

方之高數。此帶兩縱不同立方邊和與面積比例法。

（六）設如有帶兩縱不同立方體。高十二寸。長比闊多十寸。其長與闊相乘之積。與高自乘之積等。問長闊各若干。

法借一根爲闊數。則長數爲一根多十寸。以闊一根與長一根多十寸相乘。得一平方多十根。以高十二寸自乘。得一百四十四寸。此二數爲相等。乃以一百四十四寸爲長方積。以十根作十寸。爲長闊較。用帶縱較數開平方法算之。得闊八寸。爲一根之數。卽立方之闊數。此帶兩縱不同立方邊較與面積比例法。

（七）設如有帶兩縱不同立方體。長比闊多四寸。闊比高多二寸。其體積比高自乘再乘之正方體多一百七十六寸。問長闊高各若干。

法借一根爲高數，則闊數爲一根多二寸，長數爲一根多六寸。以高一根與闊一根多二寸相乘，得一平方多二根。再以長一根多六寸乘之，得一立方多八平方多十二根。內減高數一根自乘再乘之一立方，餘八平方多十二根，與一百七十六寸相等。八平方多十二根既與一百七十六寸相等，則一平方多一根半必與二十二寸相等。乃以二十二寸爲長方積，以一根半作一寸五分爲長闊較，用帶縱較數開平方法算之，得闊四寸，爲一根之數。此帶兩縱不同立方邊較與積較比

（八）

例法。

設如一長方池。深二十尺。長闊和六十尺。其體積一萬七千二百八十尺。問長闊各若干。

法借一根爲闊數。則長數爲六十尺少一根。以闊一根與長六十尺少一根相乘。得六十根少一平方。以深二十尺再乘。得一千二百根少二十平方。與一萬七千二百八十尺相等。一千二百根少二十平方。既與一萬七千二百八十尺相等。則六十根少一平方。必與八百六十四尺相等。乃以八百六十四尺爲長方積。以六十根作六十尺爲長闊和。用帶縱和數開平方法算之。得闊二十四尺。爲一根之數。卽池之闊數。此帶兩縱不同立方。知一邊與兩邊和相求法。

(九)

設如一長方池深三十尺，長比闊多十尺，其體積七萬一千二百八十尺，問長闊各若干。

法借一根爲闊數，則長數爲一根多十尺。以闊一根與長一根多十尺相乘，得一平方多十根。再以深三十尺乘之，得三十平方多三百根，與七萬一千二百八十尺相等。三十平方多三百根既與七萬一千二百八十尺相等，則一平方多十根必與二千三百七十六尺相等。乃以二千三百七十六尺爲長方積，以十根作十尺爲長闊較，用帶縱較數開平方法算之，得闊四十四尺，爲一根之數，卽池之闊數。此帶兩縱不同立方

㊉知一邊與兩邊較相求法。

設如有帶兩縱不同立方體。長闊高共五十八尺。長比闊多六尺。其對角斜線自乘之數爲一千一百五十六尺。問長闊高各幾何。

法借一根爲闊數。則長數爲一根多六尺。以長闊兩數相加。得二根多六尺。與長闊高共五十八尺相減。餘五十二尺少二根爲高數。以闊一根自乘得一平方爲闊自乘之數。以長一根多六尺自乘得一平方多十二根多三十六尺爲長自乘之數。以高五十二尺少二根自乘得二千七百零四尺少二百零八根多四平方爲高自乘之數。三自乘數相加得二千七百四十尺。少一百九十六根多六平方。與對角線自乘之一千一百五十六尺相等。（詳球內容各等面體弟二條。）兩邊各加一百九十六根。得二千七百四十尺。多六平方。與一千一百五十六尺。多一百九十六根相等。兩邊各減一千一百五十六尺。得一千五百八十四尺。多六平方。與一百九十六根相等。一千五百八十四尺。多六平方。既與一百九十六根相等。則二百六十四尺多一平方。必與三十二根又六分根之四相等。乃以二百六十四尺爲長方積。以三十二根六分根之四作三十二尺又六分尺之四。爲長闊和。（此須用通分法詳卷末。）用帶縱和數開平方法算之。得長十八尺。爲一根之數。卽立方之闊。此帶兩縱不同立方邊幾面積和較相求法。

（十二）設如有帶兩縱不同立方體其長闊高爲相連比例三率。長爲首率。闊爲中率。高爲末率。共五十七寸其六面積共二千零五十二寸問長闊高各幾何

法借一根爲長數則闊高之共數爲五十七寸少一根。又以六面積共二千零五十二寸折半得一千零二十六寸爲三面積共數以長闊高共五十七寸除之得一十八寸爲闊數何則三面積一爲闊乘長一爲闊乘高一爲闊乘闊本當言一爲長乘高因長爲首率。高爲末率。闊爲中率。首末率相乘。與中率自乘數等。故改言闊乘闊。是闊與長高闊共數相乘也上言分乘。此言合乘。分卽合也乘以除還原故以長高闊共數五十

七寸除之。得闊耳。於是以闊一十八尺。與闊高之共數五十七寸少一根相減。餘三十九寸少一根爲高數。乃以首率長一根。與末率高三十九寸少一根相乘。得三十九根少一平方。與中率闊十八寸自乘之三百二十四寸相等。乃以三百二十四寸爲長方積。以三十九根作三十九寸爲長闊和。用帶縱和數開平方法算之。得長二十七寸。爲一根之數。卽立方之長數。此帶兩縱不同立方邊線面積相和比例法。

（十二）設如有帶兩縱不同立方體。其高與闊之比例同於一與二。闊與長之比例同於二與三。以高自乘再乘之數。與闊自乘再乘之數相加。比原體積多一千零二

十九寸問長闊高各幾何

法借一根爲高數則闊數爲二根長數爲三根以闊二根與長三根相乘得六平方再以高一根乘之得六立方爲原體積又以高一根自乘再乘得一立方以闊二根自乘再乘得八立方相併得九立方內減原體積六立方餘三立方與一千零二十九寸相等三立方既與一千零二十九寸相等則一立方必與三百四十三寸相等乃以三百四十三寸開立方得七寸爲一根之數卽立方之高數此帶兩縱不同立方邊幾體積比例法

（十三）設如有甲乙丙三正方體甲方邊與乙方邊之比例同

於二與三乙方積比甲方積多一百五十二寸丙方積比乙方積多七百八十四寸問三正方體之邊數各若干

法借二根爲甲方每邊之數則乙方每邊之數爲三根以二根自乘再乘得八立方爲甲方之體積以三根自乘再乘得二十七立方爲乙方之體積兩體積相減餘一十九立方與一百五十二寸相等十九立方既與一百五十二寸相等則一立方必與八寸相等乃以八寸開立方得二寸爲一根之數倍之得四寸卽甲方每邊之數三因之得六寸卽乙方每邊之數自乘再乘得二百一十六寸加七百八十四寸得

一千寸開立方得十寸。即丙方每邊之數也。此三正方體邊線體積比例法。

十四 設如有帶兩縱不同立方體。高比闊爲五分之一。闊比長亦爲五分之一。體積六十一萬四千一百二十五尺。問高闊長各幾何。

法借一根爲高數。則闊數爲五根。長數爲二十五根。以闊五根與長二十五根相乘。得一百二十五平方。再以高一根乘之。得一百二十五立方。與六十一萬四千一百二十五尺相等。一百二十五立方既與六十一萬四千一百二十五尺相等。則一立方必與四千九百一十三尺相等。乃以四千九百一十三尺開立方得十七尺。為一根之數。即立方之高。此帶分比例開立方法。

（十五）設如有一大長方體。其闊三倍於高。其長三倍於闊。又有一小長方體。比大長方體高為二分之一。闊為三分之二。長為九分之七。小長方體積二萬三千六百二十五寸。問大小二長方體之長闊高各幾何

法借一根為大長方體之高。則大長方體之闊為三根。大長方體之長為九根。小長方體之高為半根。小長方體之闊為二根。小長方體之長為七根。乃以長七根與闊二根相乘。得一十四平方。再以高半根乘之。得七立方。為小長方體積。與二萬三千六百二十

五寸相等。七立方既與二萬三千六百二十五寸相等。則一立方必與三千三百七十五寸相等。乃以三千三百七十五寸開立方。得十五寸。爲一根之數。即大長方體之高。此帶分比例開立方法。

（十六）設如有人買馬三次。第二次比第一次多一倍。第三次比第二次多一倍。以第三次馬數四分之一與第二次馬數之一半相乘。又與第一次馬數三分之一相乘。得六千五百六十一匹。問三次所買馬數各若干。

法借三根爲第一次買馬之數。第一次分母數。則第二次買馬之數爲六根。第三次買馬之數爲十二根。以第三次四分之一三根。與第二次之一半三根相乘得九平方。又與弟一次三分之一。一根相乘得九立方與六千五百六十一匹相等。九立方既與六千五百六十一匹相等則一立方必與七百二十九匹相等。乃以七百二十九匹開立方得九匹為一根之數。三因之得二十七匹為弟一次買馬之數。此帶分比例開立方法。

（七）設如有馬牛羊各不知數。但知牛數比馬數多四。羊數與馬牛相乘之數等。馬每匹之價與牛數等。牛每頭之價與馬數等。羊每隻之價比馬每匹價少十兩。而羊之共價為一百九十二兩。問馬牛羊及價銀各若干。

法借一根為馬數。則牛數為一根多四。以馬數一根與牛數一根多四相乘得一平方多四根爲羊數馬價與牛數等爲一根多四兩則羊價爲一根少六兩以羊數一平方多四根與羊價一根少六兩相乘得一立方少二平方少二十四根爲羊之共價與一百九十二兩相等乃以一百九十二兩爲磬折扁方體積用帶縱開立方法算之得八爲一根之數卽馬數亦卽牛每頭之價爲八兩也加牛比馬多四得十二爲牛數亦卽馬每匹之價爲十二兩也以馬數八與牛數十二相乘得九十六爲羊數以羊數九十六歸除羊共價一百九十二兩得二兩爲羊每隻價比馬一匹之價少十兩也此磬折扁方體求邊法。

（十八）設如有馬騾運重其共馬數比馬每匹所馱之數多二十騾每匹所馱之數比共馬數多三十其共騾數與共馬所馱之共數等但知騾共馱一千一百萬斤問馬數騾數及所馱之斤數各若干

法借一根爲共馬數則馬每匹所馱之斤數爲一根少二十斤騾每匹所馱之數爲一根多三十斤以共馬數一根與馬每匹馱一根少二十斤相乘得一平方少二十根爲馬所馱之共數亦卽共騾數再以騾每匹馱一根多三十斤乘之得一立方多十平方少六百根爲騾所馱之共數與一千一百萬斤相等乃以一千一百萬斤爲磬折長方體積用帶縱開立方

法算之得二百二十爲一根之數卽共馬數此磬折長方體

求邊法

（十九）設如有大小二正方體邊數共二尺六寸體積共五千零九十六寸問正方體邊數體積各幾何

法借一根爲小方每邊之數則大方每邊之數爲二十六寸少一根以一根自乘再乘得一立方爲小方之體積以二十六寸少一根自乘再乘得一萬七千五百七十六寸少二千零二十八根多七十八平方少一立方爲大方之體積兩體積相加得一萬七千五百七十六寸少二千零二十八根多七十八平方與五千零九十六寸相等兩邊各加二千零二十八

根。得一萬七千五百七十六寸。多七十八平方。與五千零九十六寸。多二千零二十八根相等。兩邊各減五千零九十六寸。得一萬二千四百八十寸。多七十八平方。與二千零二十八根相等。一萬二千四百八十寸。多七十八平方。既與二千零二十八根相等。則一百六十寸多一平方。必與二十六根相等。乃以一百六十寸為長方積。以二十六根作二十六寸為長闊和。用帶縱和數開平方法算之。得闊十寸。為一根之數。即小方每邊之數。此二正方體。有邊和積和求邊法也。

（三十）設如有大小二正方體。大方體大方邊比小方邊多四尺。大方積比小方積多一千二百一十六尺。問二正方體邊數積數各幾何。

法借一根爲小方每邊之數。則大方每邊之數爲一根多四尺。以一根自乘再乘得一立方。爲小方之體積。以一根多四尺自乘再乘得一立方多十二平方多四十八根。多六十四尺。爲大方之體積。兩體積相減得十二平方多四十八根多六十四尺與一千二百一十六尺相等。兩邊各減六十四尺得十二平方多四十八根與一千一百五十二尺相等。十二平方多四十八根既與一千一百五十二尺相等。則一平方多四根必與九十六尺相等。乃以九十六尺爲長方積。以四根作四尺爲長闊較用帶縱較數開平方法算之。得闊八尺。爲一根之數。即小方每邊之數。此二正方體。有邊較積較求邊法。

（二十一）設如有大小二正方體。大方邊比小方邊多二尺。體積共一千零七十二尺。問二正方體邊數體積各幾何。

法借一根爲小方邊之數。則大方每邊之數爲一根多二尺。以一根自乘再乘。得一立方。爲小方之體積。以一根多二尺自乘再乘。得一立方多六平方多十二根多八尺。爲大方之體積。兩邊積相加。得二立方六平方多十二根多八尺。與一千零七十二尺相等。兩邊各減去八尺。得二立方多六平方多十二根。與一千零六十四尺相等。二立方多六平方多十二根既與一千零六十四尺相等則一立方多三平方多六根必與五百三十二尺相等乃以五百三十二尺爲磬折長方體積用帶縱開立方法算之得七尺爲一根之數即小方每邊之數此二正方體有邊較積和求邊法

(三)設如有大小二正方體邊數共十四尺大方積比小方積多二百九十六尺問二正方體之邊數體積各幾何

法借一根爲小方每邊之數則大方每邊之數爲十四尺少一根以一根自乘再乘得一立方爲小方之體積以十四尺少一根自乘再乘得二千七百四十四尺少五百八十八根多四十二平方少一立方爲

大方之體積兩體積相減得二千七百四十四尺少五百八十八根多四十二平方少二立方與二百九十六尺相等兩邊各加二立方又加五百八十八根得二立方多五百八十八根多二百九十六尺與二千七百四十四尺多四十二平方相等兩邊各減去二百九十六尺又各減去四十二平方得二立方少四十二平方多五百八十八根與二千四百四十八尺相等二立方少四十二平方多五百八十八根既與二千四百四十八尺相等則一立方少二十一平方多二百九十四根必與一千二百二十四尺相等乃以一千二百二十四尺爲罄折扁方體積用帶縱

開立方法算之得六尺為一根之數即小方每邊之數此二正方體有邊和積較求邊法

(三)設如有句股積二百四十尺股弦較四尺問句股弦各幾何

法借一根為股數則弦為一根多四尺以一根自乘得一平方為股自乘之數以一根多四尺自乘得一平方多八根多十六尺為弦自乘之數內減去股自乘之一平方餘八根多十六尺為句自乘之數凡句自乘之數與句股相乘之數及股自乘之數為相連比例三率乃以首率句自乘之八根多十六尺與末率股自乘之一平方相乘得八立方多十六平方又

以句股積二百四十尺。倍之得四百八十尺。爲中率自乘得二十三萬零四百尺。是爲八立方多十六平方。與二十三萬零四百尺相等。八立方多十六平方既與二十三萬零四百尺相等。則一立方多二平方必與二萬八千八百尺相等。乃以二萬八千八百尺爲長方體積。用帶縱開立方法算之。得三十尺。爲一根之數。卽股數。此有句股積。有股弦較。求句股弦法。

（十四）設如句股積二百四十尺。句弦和五十尺。問句股弦各幾何。

法借一根爲句數。則弦爲五十尺少一根。以一根自乘得一平方。爲句自乘之數。以五十尺少一根自乘得二千五百尺少一百根多一平方爲弦自乘之數內減去句自乘之一平方餘二千五百尺少一百根爲股自乘之數凡句自乘之數與句股相乘之數及股自乘之數爲相連比例三率則以首率句自乘之一平方與末率股自乘之二千五百尺少一百根相乘得二千五百平方少一百立方又以句股積二百四十尺倍之得四百八十尺爲中率自乘得二十三萬零四百尺是爲二千五百平方少一百立方與二十三萬零四百尺相等二千五百平方少一百立方旣與二十三萬零四百尺相等則一平方少二十五分立方之一必與九十二尺一十六寸相等乃以九

十二尺一十六寸。爲扁方體積。用帶縱開立方法算之。得一十六尺。爲一根之數。即句數。此有句股積有句弦和求句股弦法。

(二五)

設如有數十萬。爲一率。作相連比例四率。使一率與四率相加。與二率三倍等。問二率三率四率各幾何

法借一根爲二率。以二率一根自乘得一平方。以一率十萬除之。得十萬分平方之一爲三率。此三率法以中率自乘用首率除之而得末率也。又以二率一根與三率十萬分平方之一。相乘。得十萬分立方之一。以一率十萬除之得一百億分立方之一。爲四率。此四率法。用中二率相乘。以首率除之。得末率也。將四率俱以百億乘之。則一率爲一千兆二率爲

一百億根三率爲一十萬平方。四率爲一立方。用四率爲百億分立方之一。以百億乘之。則得一整立方。故將餘三率俱以百億乘之。其比例始相當也。乃以一率與四率相加。得一千兆多一立方。又以二率三倍之。得三百億根。是爲三百億根與一千兆多一立方相等。兩邊各減去一立方。得三百億根少一立方與一千兆相等。乃以一千兆爲實。以三百億根爲法。用割圜內新增益實歸除法算之。得三萬四千七百二十九。爲一根之數。卽相連比例之第二率也。此卽求圜內容十八邊法。

（二六）設如有數十萬爲一率。作相連比例四率。使一率與四率相加。與二率兩倍再加一三率之數等。問二率三

率四率各幾何

法借一根爲二率以二率一根自乘得一平方以一率十萬除之得十萬分平方之一爲三率以二率一根與三率十萬分平方之一相乘得十萬分立方之一以一率十萬除之得一百億分立方之一爲四率將四率俱以百億乘之則一率爲一千兆二率爲一百億根三率爲一十萬平方四率爲一立方乃以一率與四率相加得一千兆多一立方又以二率倍之得二百億根加一三率得二百億根多十萬平方是爲二百億根多十萬平方與一千兆多一立方相等兩邊各減去一立方得二百億根多一平方少一立

方與一千兆相等乃以一千兆爲實以二百億根爲法用割圜內益實兼減實歸除法算之得四萬四千五百零四爲一根之數卽相連比例之第二率也此卽求圜內容十四邊法

二七

設如有大小二正方面大方每邊爲小方每邊之二倍若以兩面積相乘得五萬八千五百六十四尺問二方邊面積各幾何

法借一根爲小方每邊之數則大方每邊數爲二根以一根自乘得一平方爲小方之面積以二根自乘得四平方爲大方之面積以一平方與四平方相乘得四三乘方爲兩面方積相乘之數與五萬八千五

百六十四尺相等。四三乘方既與五萬八千五百六十四尺相等則一三乘方必與一萬四千六百四十一尺相等乃以一萬四千六百四十一尺爲三乘方積用開三乘方法算之得十一尺爲一根之數即小方每邊之數也此開三乘方法

(二八)設如有解錢糧船不言數但知每船所載銀鞘之數比船數加一倍每鞘内銀數與共鞘數等其共銀數爲五百三十四萬五千三百四十四兩問船數鞘數各若干

法借一根爲船數則每船所載鞘數爲二根以一根與二根相乘得二平方爲共鞘數亦爲每鞘内銀數

自乘得四三乘方與五百三十四萬五千三百四十四兩相等四三乘方旣與五百三十四萬五千三百四十四兩相等則一三乘方必與一百三十三萬六千三百三十六兩相等乃以一百三十三萬六千三百三十六兩爲三乘方積用開三乘方法算之得三十四爲一根之數卽船數此開三乘方法

⑦設如有一正方又有一長方二方面積共二十三萬六千一百九十六尺長方之長比正方面積多二十四尺長方之闊比正方面積少二十尺問二方邊面積各幾何

法借一根爲正方每邊之數自乘得一平方爲正方

之面積則長方之長爲一平方多二十四尺長方之闊爲一平方少二十尺長闊相乘得一三乘方多四平方少四百八十尺爲長方面積加正方面積之一平方得一三乘方多五平方少四百八十尺爲二方之共面積與二十三萬六千一百九十六尺相等兩邊各加四百八十尺得一三乘方多五平方與二十三萬六千六百七十六尺相等乃以二十三萬六千六百七十六尺爲帶縱三乘方積用帶縱開三乘方法算之得二十二爲一根之數即正方每邊之數此帶縱開三乘方法。

（三十）設如有一長方其面積五百二十七丈又有大小二正

方其面積共一千二百五十丈大正方邊與長方之長等小正方邊與長方之闊等問長方之長闊各幾何

法借一根爲大方每邊之數自乘得一平方爲大方之面積則小方之面積爲一千二百五十丈少一平方此大方面積與長方面積及小方面積爲相連比例三率乃以首率大方面積一平方與末率小方面積一千二百五十丈少一平方相乘得一千二百五十平方少一三乘方又以長方面積五百二十七丈爲中率自乘得二十七萬七千七百二十九丈此兩數爲相等乃以二十七萬七千七百二十九丈爲帶

縱三乘方積。用帶縱開三乘方法算之。得三十一。爲一根之數。即大方每邊之數。亦即長方之長。此帶縱開三乘方法

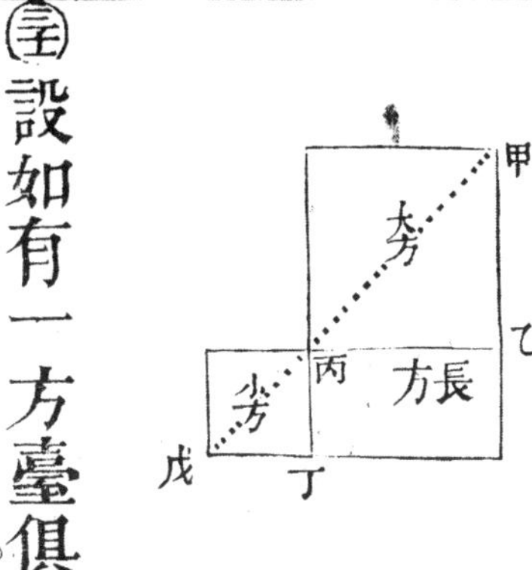

甲乙比乙丙。若丙丁比丁戊。此邊之連比例也。而邊與邊之比例。即如積與積之比例。

(圭)設如有一方臺。俱係正方石砌成。其用石之塊數。與每一石之面積。等其共石之體積。爲五十三萬七千八百二十四寸。問用石之塊數。及每一石之邊數若干。

法借一根爲每石之邊數自乘得一平方爲每一石之面積亦卽所用石之塊數再乘得一立方爲每一石之體積與所用石之塊數一平方相乘得一四乘方爲共石之體積與五十三萬七千八百二十四寸相等乃以五十三萬七千八百二十四寸爲四乘方積用開四乘方法算之得一十四寸爲一根之數卽每一石之邊數此開四乘方法。

㊄設如有二十四正方體又有一扁方體共積八百二十九萬四千四百寸扁方體之高與正方體之邊數等扁方體之長與闊俱與正方體之面積等問正方體扁方體之邊數各若干

法借一根爲正方體每邊之數亦卽扁方體之高數以一根自乘得一平方爲正方體之面積亦卽扁方體之長與闊再乘得一立方爲正方體之積以二十四乘之得二十四立方爲二十四正方體之共積又以扁方體之長濶一平方自乘得一三乘方再以高一根乘之得一四乘方爲扁方體之積兩積數相加得一四乘方多二十四立方與共體積八百二十九萬四千四百寸相等乃以八百二十九萬四千四百寸爲帶縱四乘方積用帶縱開四乘方法算之得二十四寸爲一根之數卽正方體之每邊亦卽扁方體之高此帶縱開四乘方法。

（三十三）設如有商人貿易弟一次之銀數比原本銀加一倍弟二次之銀數與弟一次銀自乘再乘之數等弟三次之銀數與弟一次銀自乘又乘弟二次銀之數等將弟三次之銀數與弟二次之銀數相加得三萬三千二百八十兩問原本銀數及每次銀數各若干

法借一根爲原本銀數則弟一次之銀數爲二根自乘再乘得八立方爲弟二次之銀數以弟一次自乘之四平方與弟二次之八立方相乘得三十二四乘方爲弟三次之銀數與弟二次之銀數八立方相加得三十二四乘方多八立方與三萬三千二百八十兩相等三十二四乘方多八立方既與三萬三千二

百八十兩相等則一四乘方多四分立方之一必與一千零四十兩相等乃以一千零四十兩爲帶縱四乘方積用帶縱開四乘方法算之得四兩爲一根之數即原本銀數也此帶縱開四乘方法

三四

設如有一小長方體闊爲高之二倍長爲高之三倍又有一大長方體其每邊之比例與小長方體同其高數與小長方體長闊相乘之數等體積八萬二千九百四十四尺問二長方體長闊高各幾何

法借一根爲小長方體之高則闊爲二根長爲三根長闊相乘得六平方爲大長方體之高倍之得十二平方爲大長方體之闊三因之得十八平方爲大長

方體之長長闊相乘再以高乘之得一千二百九十六五乘方爲大長方體積與八萬二千九百四十四尺相等一千二百九十六五乘方既與八萬二千九百四十四尺相等則一五乘方必與六十四尺相等乃以六十四尺爲五乘方積用開五乘方法算之得二尺爲一根之數即小長方體之高也此開五乘方法

三十五

設如有大小二正方體大方體積比小方體積多一千七百四十四寸以小方邊與大方邊相乘得一百四十寸問二正方體之邊數體積各幾何

法借一根爲小方體每邊之數以一根除一百四十寸得一根之一百四十寸此通分法詳面類第一條爲大方體每

邊之數以一根自乘再乘得一立方爲小方體積數以一根之一百四十寸自乘再乘得一立方之二百七十四萬四千寸爲大方體積內減小方體積一立方餘一立方之二百七十四萬四千寸少一立方與一千七百四十四寸相等兩邊各以立方乘之各以分母乘之也得一千七百四十四立方與二百七十四萬四千寸少一五乘方相等兩邊各加一五乘方得一五乘方多一千七百四十四立方與二百七十四萬四千寸相等乃以二百七十四萬四千寸爲帶縱五乘方積用帶縱開五乘方法算之得十寸爲一根之數卽小方體每邊之數此帶縱開五乘方法

粵雅堂校刊

（二六）設如有大小二正方體共積四千一百二十三寸以小方邊與大方邊相乘得四十八寸問二正方體之邊數體積各幾何

法借一根爲小方體每邊之數以一根除四十八寸得一根之四十八寸爲大方體每邊之數以一根自乘再乘得一立方爲小方體積以一根之四十八寸自乘再乘得一立方之一十一萬零五百九十二寸爲大方體積兩體積相加得一立方多一立方之一十一萬零五百九十二寸與四千一百二十三寸相等兩邊各以立方乘之得四千一百二十三立方與一五乘方多一十一萬零五百九十二寸相等兩邊

各減一五乘方得四千二百二十三立方少一五乘方與一十一萬零五百九十二寸相等乃以一十一萬零五百九十二寸爲帶縱五乘方積用帶縱開五乘方法算之得三寸爲一根之數即小方體每邊之數此帶縱開五乘方法

（七）設如有一長方體積二千一百八十七尺其高數自乘與闊等闊數自乘與長數等問高闊長各若干

法借一根爲高自乘得一平方爲闊以闊自乘得一三乘方爲長長闊相乘得一五乘方再以高乘之得一六乘方爲長方體積與二千一百八十七尺相等乃以二千一百八十七尺爲六乘方積用開六乘方

法算之得三尺爲一根之數卽長方之高此開六乘方法

(三八)設如甲丙正方花園二所園中各有正方水池一面甲池每邊爲丙池每邊之三倍甲園每邊與甲池之面積等丙園每邊與丙池之面積等若以兩園之面積相乘得五百三十萬八千四百一十六尺問園池每邊各若干

法借一根爲丙池每邊之數則甲池每邊之數爲三根以一根自乘得一平方爲丙池之面積卽丙園每邊之數自乘得一三乘方爲丙園之面積以三根自乘得九平方爲甲池之面積卽甲園每邊之數自乘得八十一三乘方爲甲園之面積兩園之面積相乘

得八十一七乘方與五百三十萬八千四百一十六尺相等八十一七乘方既與五百三十萬八千四百一十六尺相等則一七乘方必與六萬五千五百三十六尺相等乃以六萬五千五百三十六尺爲七乘方積用開七乘方法算之得四尺爲一根之數卽丙池每邊之數也此開七乘方法

（三九）設如有甲乙丙三長方體甲方之高爲闊二分之一乙方之高與闊爲甲方之二倍丙方之高與闊爲甲方之三倍俱不知長甲方體積與面積自乘之數等乙方之體積與高闊相併乘甲方面積之數等丙方之體積與乙方體積自乘再乘之數等今但知丙方體

積八十八萬四千七百三十六丈。問三方高闊長各若干。
法借一根爲甲方之高，則甲方之闊爲二根，乙方之高亦爲二根，乙方之闊爲四根，丙方之高爲三根，丙方之闊爲六根。以甲方高一根與闊二根相乘，得二平方，即甲方之面積。自乘得四三乘方，即甲方之體積。乙方高二根與闊四根相併，得六根，與甲方面積二平方相乘，得十二立方，即乙方之體積。自乘再乘得一千七百二十八八乘方，即丙方之體積，與八十八萬四千七百三十六丈相等。一千七百二十八八乘方既與八十八萬四千七百三十六丈相等，則一

八乘方必與五百一十二丈相等乃以五百一十二丈為八乘方積用開八乘方法算之得二丈為一根之數即甲方之高也此開八乘方法

四 設如有客船不言數但云每船之人數與船數等每人之本銀數與船數自乘再乘之數等其共銀自乘之數為六千零四十六萬六千一百七十六兩問船數人數各若干

法借一根為船數亦為每船之人數以一根自乘得一平方為共人數再乘得一立方為每人本銀數與一平方相乘得一四乘方為共銀數以一四乘方自乘得一九乘方為本銀自乘之數與六千零四十六

萬六千一百七十六兩相等。乃以六千零四十六萬六千一百七十六爲九乘方積。用開九乘方法算之。得六。爲一根之數。卽船數。亦卽每船之人數也。此開九乘方法

附通分法

(一)如一平方多一根。又二分根之一。卽多一根半也。原可照常算。以欲取易明者舉例耳。與七尺相等。問根數。　曰二尺。

法以分母二通多一根。得多二根。加入分子一。共多三根。作多三尺爲長闊較。用帶縱開平方法算之。以七尺爲長方積。甲乙乘分母二得十四尺。倍甲乙爲甲丙也。再以分母二乘之得二十八尺。倍甲丙爲丁丙也。又以四因之。

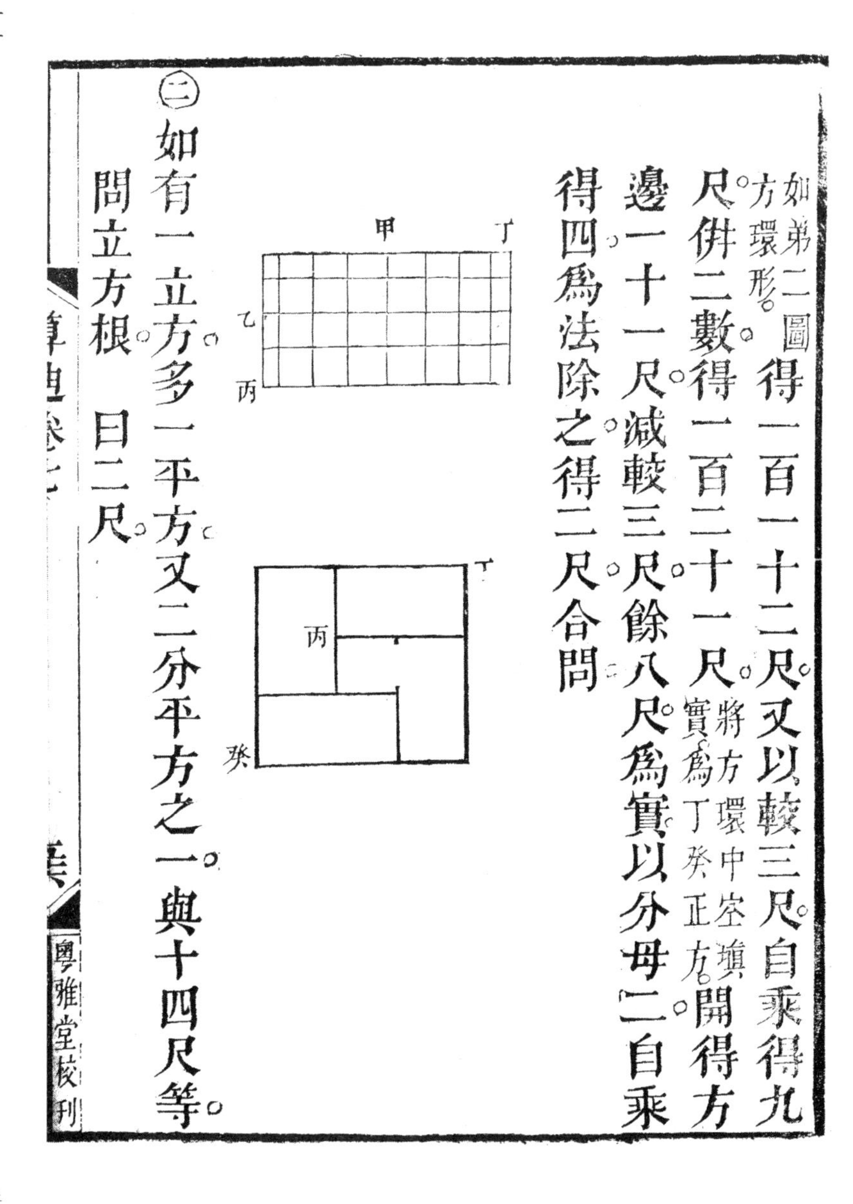
如第二圖方環形。得一百一十二尺。又以較三尺。自乘得九尺。併二數得一百二十一尺。將方環中空塡實爲丁癸正方。開得方邊一十一尺。減較三尺。餘八尺。爲實。以分母二自乘得四。爲法除之。得二尺。合問。

㈡如有一立方。多一平方。又二分平方之一。與十四尺等。問立方根。　曰二尺。

法以分母二。乘多一平方。得二平方。加入分子一。共多三平方爲帶縱。以分母二自乘再乘得八。以乘十四尺。得一百一十二尺。爲長立方積。（如下圖癸庚。）列實記點。（於二尺位記一點。）查立方籌四行積六十四尺。畧少於實錄之爲正立方積。（甲乙丙丁戊己正方。）於實內減去餘實四十八尺爲帶縱體積。（壬癸子丙乙甲合己戊丁丑寅辛庚也。）以初商四（辛庚）自乘得十六。（寅庚平方也。）以帶縱三平方乘之。得四十八尺。與餘實相減恰盡。定四爲初商。以分母之二除之得立方根二尺。

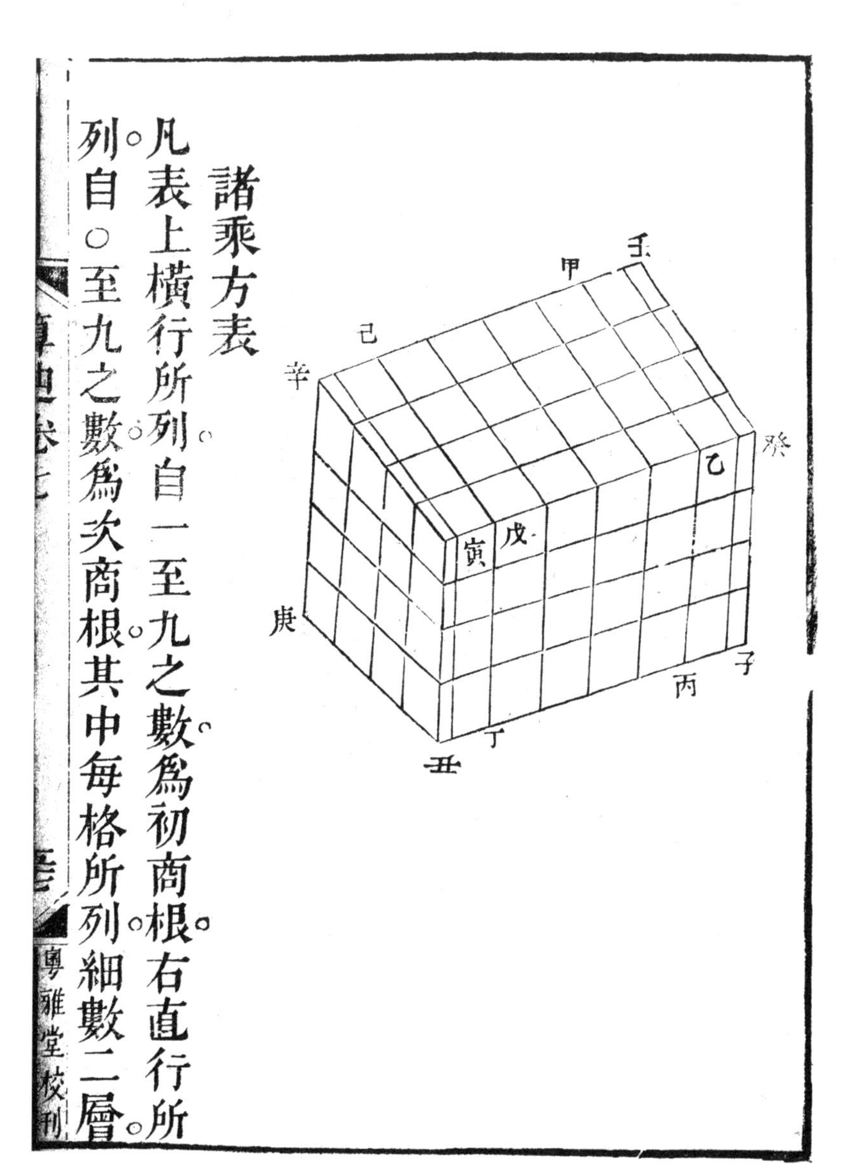

諸乘方表

凡表上橫行所列。自一至九之數。爲初商根。右直行所列。自〇至九之數。爲次商根。其中每格所列細數二層。

上層爲初商次商積。如立方表弟一行弟三格上層一七二八卽方根一二自乘再乘之數。餘做此。下層爲三商廉法。按梅定九求續商捷法。置商得之數。自乘。其自乘若干次數。視本乘方數減一乘。畢。再以本乘方數。加一乘之。爲續商廉法。以除餘實。得數爲續商。不合。則減一數。或二數。如立方表弟一行弟二格。下層四三乃合初次商之一二。自乘一次。而以立方首廉數三乘之。得四三二○○。而截去末位二○○。以爲廉法也。蓋立方乃再乘方。減一爲自乘。故初次商止自乘一次。爲首廉。首廉面積。立方首廉有三面。故三因之也。立方之首廉三。三乘方之首廉四。四乘方之首廉五。見廉率圖。其首廉數。皆視本乘方數加一也。截去末位不用。詳下設如。

用表之法如左

○設如有三乘方積一千零三十三億五千五百一十七萬七千一百二十一尺。問方根若干。

法列積自末尺位起算。隔三位記一點。乃於一尺上定單位。七萬尺上定十位。三億尺上定百位。而截弟二點以上一〇三三五五一七爲初商次商之共積。於三乘方表中取比此畧小之數。爲九八三四四九六。其所對初商根爲五。次商根爲六。卽將初商五書於弟一點之旁。將次商六書於弟二點之旁。於實內減去九八三四四九六。餘五〇一〇二一。不言餘五〇一〇二一七一二一者。蓋五十億〇一千〇二十一萬尺。乃初次商餘積。七千一百二十一尺。乃三商積。捷法止用初次商餘積。求三商。不加三商積也。乃以九八三四四九六格內三商廉法七〇二四六。除餘積足七倍。卽定三商爲七。書於弟三點之旁。合初次商共五百六十七尺。自乘三次。得數與設實相減恰盡。合問。按三商廉法。乃以初次商五十六自乘再乘得數。又以三乘方首廉率四。因之。得七〇二四六四〇〇〇〇而截去末位止用七〇二四六也。以捷法既止用初次商截餘積。截至弟二點之萬尺止。而三商廉法之末位乃四千尺。比初次次商餘積多一位。故截去不同。使法實尾列同等。定位乃不誤。蓋開方法記點。截位。實尾盡於截點處。如圖實尾一萬。正值弟二點。而法尾之四千。乃於點下多一位。若不截去。恐誤以四千作四萬。而對實尾列之致亂同等並脚之法也。

實 法

千億千百十萬

五〇一〇二一

七〇二四六四

立方表

	一	二	三	四
〇	一〇〇〇 三〇	八〇〇〇 一二〇	二七〇〇〇 二七〇	六四〇〇〇 四八〇
一	一三三一 三六	九二六一 一三二	二九七九一 二八八	六八九二一 五〇四
二	一七二八 四三	一〇六四八 一四五	三二七六八 三〇七	七四〇八八 五二九
三	二一九七 五〇	一二一六七 一五八	三五九三七 三二六	七九五〇七 五五〇
四	二七四四 五八	一三八二四 一七二	三九三〇四 三四六	八五一八四 五八〇
五	三三七五 六七	一五六二五 一八七	四二八七五 三六七	九一一二五 六〇七
六	四〇九六 七六	一七五七六 二〇二	四六六五六 三八八	九七三三六 六三四
七	四九一三 八六	一九六八三 二一八	五〇六五三 四一〇	一〇三八二三 六六二
八	五八三二 九七	二一九五二 二三五	五四八七二 四三三	一一〇五九二 六九一
九	六八五九 一〇八	二四三八九 二五二	五九三一九 四五六	一一七六四九 七二〇

九	八	七	六	五
七二九〇〇〇 二四三〇	五一二〇〇〇 一九二〇	三四三〇〇〇 一四七〇	二一六〇〇〇 一〇八〇	一二五〇〇〇 七五〇
七五三五七一 二四八四	五三一四四一 一九六八	三五七九一一 一五一二	二二六九八一 一一一六	一三二六五一 七八〇
七七八六八八 二五三九	五五一三六八 二〇一七	三七三二四八 一五五五	二三八三二八 一一五三	一四〇六〇八 八一一
八〇四三五七 二五九四	五七一七八七 二〇六六	三八九〇一七 一五九八	二五〇〇四七 一一九〇	一四八八七七 八四二
八三〇五八四 三六五〇	五九二七〇四 二一一六	四〇五二二四 一六四二	二六二一四四 一二二八	一五七四六四 八七四
八五七三七五 二七〇七	六一四一二五 二一六七	四二一八七五 一六八七	二七四六二五 一二六七	一六六三七五 九〇七
八八四七三六 二七六四	六三六〇五六 二二一八	四三八九七六 一七三二	二八七四九六 一三〇六	一七五六一六 九四〇
九一二六七三 二八二二	六五八五〇三 二二七〇	四五六五三三 一七七八	三〇〇七六三 一三四六	一八五一九三 九七四
九四一一九二 二八八一	六八一四七二 二三二三	四七四五五二 一八二五	三一四四三二 一三八七	一九五一一二 一〇〇九
七九〇二九九 二九四〇	七〇四九六九 二三七六	四九三〇三九 一八七二	三二八五〇九 一四二八	二〇五三七九 一〇四四

三乘方表

	一	二	三	四
○	一○○○○ 四○○	一六○○○○ 三二○○	八一○○○○ 一○八○○	二五六○○○○ 二五六○○
一	一四六四一 五三二	一九四四八一 三七○四	九二三五二一 一一九一六	二八二五七六一 二七五六八
二	二○七三六 六九一	二三四二五六 四二五九	一○四八五七六 一三一○七	三一一一六九六 二九六三五
三	二八五六一 八七八	二七九八四一 四八六六	一一八五九二一 一四三七四	三四一八八○一 三一八○二
四	三八四一六 一○九七	三三一七七六 五五二九	一三三六三三六 一五七二一	三七四八○九六 三四○七三
五	五○六二五 一三五○	三九○六二五 六二五○	一五○○六二五 一七一五○	四一○○六二五 三六四五○
六	六五五三六 一六三八	四五六九七六 七○三○	一六七九六一六 一八六六二	四四七七四五六 三八九三四
七	八三五二一 一九六五	五三一四四一 七八七三	一八七四一六一 二○二六一	四八七九六八一 四一五二九
八	一○四九七六 二三三二	六一四六五六 八七八○	二○八五一三六 二一九四八	五三○八四一六 四四二三六
九	一三○三二一 二七四三	七○七二八一 九七五五	二三一三四四一 二三七二七	五七六四八○一 四七○五九

粤雅堂校刊

九	八	七	六	五
六五六一〇〇〇〇 二九一六〇〇	四〇九六〇〇〇〇 二〇四八〇〇	二四〇一〇〇〇〇 一三七二〇〇	一二九六〇〇〇〇 八六四〇〇	六二五〇〇〇〇 五〇〇〇〇
六八五七四九六一 三〇一四二八	四三〇四六七二一 二一二五七六	二五四一一六八一 一四三一六四	一三八四五八四一 九〇七九二	六七六五二〇一 五三〇六〇
七一六三九二九六 三一一四七五	四五二一二一七六 二二〇五四七	二六八七三八五六 一四九二九九	一四七七六三三六 九五三三一	七三一一六一六 五六二四三
七四八〇五二〇一 三二一七四二	四七四五八三二一 二二八七一四	二八三九八二四一 一五五六〇六	一五七五二九六 一〇〇〇一八	七八九〇四八一 五九五五〇
七八〇七四八九六 三三二二三三	四九七八七一三六 二三七〇八一	二九九八六五七六 一六二〇八九	一六七七七二一六 一〇四八五七	八五〇三〇五六 六二九八五
八一四五〇六二五 三四二九五〇	五二二〇〇六二五 二四五六五〇	三一六四〇六二五 一六八七五〇	一七八五〇六二五 一〇九八五〇	九一五〇六二五 六六五五〇
八四九三四六五六 二五三八九四	五四七〇〇八一六 一五四四二二	三三三六二一七六 一七五五九〇	一八八九四七三六 一一四九九八	九八三四四九六 七〇二四六
八八五二九二八一 三六五〇六九	五七二八九七六一 二六三四〇一	三五一五三〇四一 一八二六一三	二〇一五一一二一 一二〇三〇五	一〇五五六〇〇一 七四〇七七
九二二三六八一六 三七六四七六	五九九六九五三六 二七二五八八	三七〇一五〇五六 一八九八二〇	二一三八一三七六 一二五七七二	一一三一六四九六 七八〇四四
九六〇五九六〇一 三八八一一九	六二七四二二四一 二八一九八七	三八九五〇〇八一 一九七二一五	二二六六七一二一 一三一四〇三	一二一一七三六一 八二一五一

四乘方表

	一	二	三
〇	一〇〇〇〇 五〇〇〇	三二〇〇〇〇 八〇〇〇〇	二四三〇〇〇〇 四〇五〇〇〇
一	一六一〇五一 七三二〇	四〇八四一〇一 九七二四〇	二八六二九一五一 四六一七六〇
二	二四八八三二 一〇三六八	五一五三六三二 一一七一二八	三三五五四四二二 五二四二八八
三	三七一二九三 一四二八〇	六四三六三四三 一三九九二〇	三九一三五三九三 五九二九六〇
四	五三七八二四 一九二〇八	七九六二六二四 一六五八八八	四五四三五四二四 六六八一六八
五	七五九三七五 二五三一二	九七六五六二五 一九五三一二	五二五二一八七五 七五〇三一二
六	一〇四八五七六 三二七六八	一一八八一三七六 二二八四八八	六〇四六六一七六 八三九八〇八
七	一四一九八五七 四一七六〇	一四三四八九〇七 二六五七二〇	六九三四三九五七 九三七〇八〇
八	一八八九五六八 五二四八八	一七二一〇三六八 三〇七三二八	七九二三五一六八 一〇四二五六八
九	二四七六〇九九 六五一六〇	二〇五一一一四九 三五三六四〇	九〇二二四一九九 一一五六七二〇

算迪卷七　三　粵雅堂校刊

六	五	四
七七七六〇〇〇〇〇 六四八〇〇〇〇	三一二五〇〇〇〇〇 三一二五〇〇〇	一〇二四〇〇〇〇〇 一二八〇〇〇〇
八四四五九六三〇一 六九二二九二〇	三四五〇二五二五一 三三八二六〇〇	一一五八五六二〇一 一四一二八八〇
九一六一三二八三二 七三八八一六八	三八〇二〇四〇三二 三六五五八〇八	一三〇六九一二三二 一五五五八四八
九九二四三六五四三 七八七六四八〇	四一八一九五四九三 三九四五二四〇	一四七〇〇八四四三 一七〇九四〇〇
一〇七三七四一八二四 八三八八六〇八	四五九一六五〇二四 四二五一五二八	一六四九一六二二四 一八七四〇四八
一一六〇二九〇六二五 八九一五三一二	五〇三二八四三七五 四五七五三一二	一八四五二八一二五 二〇五〇三一二
一二五二三三二五七六 九四八七三六八	五五〇七三一七七六 四九一七二四八	二〇五九六二九七六 二二三八七二八
一三五〇一二五一〇七 一〇〇七五五六〇	六〇一六九二〇五七 五二七八〇〇〇	二二九三四五〇〇七 二四三九八四〇
一四五三九三五五六八 一〇六九〇六八八	六五六三五六七六八 五六五八二四八	二五四八〇三九六八 二六五四二〇八
一五六四〇三一三四九 一一二三三六〇	七一四九二四二九九 六〇五八六八〇	二八二四七五二四九 二八八二四〇〇

七	八	九
一六八〇七〇〇〇〇〇 一二〇〇五〇〇〇	三二七六八〇〇〇〇〇 二〇四八〇〇〇〇	五九〇四九〇〇〇〇〇 三二八〇五〇〇〇
一八〇四二二九三五一 一二七〇五八四〇	三四八六七八四四〇一 二一五二三三六〇	六二四〇三二一四五一 三四二八七四八〇
一九三四九一七六三二 三四三六九二八	三七〇七三九八四三二 二二六〇六〇八八	六五九〇八一五二三二 三五八一九六四八
二〇七三〇七一五九三 一四一九九一二〇	三九三九〇四〇六四三 二三七二九一六〇	六九五六八八三六九三 三七四〇二六〇〇
二二一九〇〇六六二四 一四九九三二八八	四一八二一一九四二四 二四八九三五六八	七三三九〇四〇二二四 三九〇三七四四八
二三七三〇四六八七五 一五八二〇三一二	四四三七〇五三一二五 二六一〇〇三一二	七七三七八〇九三七五 四〇七二五三一二
二五三五五二五三七六 一六六八一〇八八	四七〇四二七〇一七六 二七三五〇四〇八	八一五三七二六九七六 四二四六七三二八
二七〇六七八四一五七 一七五七六五二〇	四九八四二〇九二〇七 二八六四四八八〇	八五八七三四〇二五七 四四二六四六四〇
二八八七一七四三六八 一八五〇七五二八	五二七七三一九一六八 二九九八四七六八	九〇三九二〇七九六八 四六一一八四〇八
三〇七七〇五六三九九 一九四七五〇四〇	五五八四〇五九四四九 三一三七一一二〇	九五〇九九〇〇四九九 四八〇二九八〇〇

算迪卷七　三

粤雅堂校刊

五乘方表

三	二	一	
七二九○○○○○○ 一四五八○○○○	六四○○○○○○ 一九二○○○○	一○○○○○○ 六○○○○	○
八八七五○三六八一 一七一七七四九○	八五七六六一二一 二四五○四六○	一七七一五六一 九六六三○	一
一○七三七四一八二四 二○一三二六五九	一一三三七九九○四 三○九二一七九	二九八五九八四 一四九二九九	二
一二九一四六七九六九 二三四八一二三五	一四八○三五八八九 三八六一八○五	四八二六八○九 二二二七七五	三
一五四四八○四四一六 二七二六一二五四	一九一一○二九七六 四七七七五七四	七五二九五三六 三二二六九四	四
一八三八二六五六二五 三一五一三一二五	二四四一四○六二五 五八五九三七五	一一三九○六二五 四五五六二五	五
二一七六七八二三三六 三六二七九七○五	三○八九一五七七六 七一二八八二五	一六七七七二一六 六二九一四五	六
三五六五七二六四○九 四一六○六三七四	三八七四二○四八九 八六○九三四四	二四一三七五六九 八五一九一四	七
三○一○九三六三八四 四七五四一一○○	四八一八九○三○四 一○三二六二二○	三四○一二二二四 一三三七四○	八
三五一八七四三七六一 五四一三四五一九	五九四八二三三二一 一二三○六六八九	四七○四五八八一 一四八五六五九	九

四	五	六
四〇九六〇〇〇〇〇〇 六一四四〇〇〇〇	一五六二五〇〇〇〇〇〇 一八七五〇〇〇〇〇	四六六五六〇〇〇〇〇〇 四六六五六〇〇〇〇
四七五〇一〇四二四一 六九五一三七二〇	一七五九六二八七八〇一 二〇七〇一五一五〇	五一五二〇三七四三六一 五〇六七五七七八〇
五四八九〇三一七四四 七八四一四七三九	一九七七〇六〇九六六四 二二八一二二四一九	五六八〇〇二三五五八四 五四九六七九六九九
六三二一三六三〇四九 八八二〇五〇六五	二二一六四三六一一二九 二五〇九一七二九五	六二五二三五〇二二〇九 五九五四六一九二五
七二五六三一三八五六 九八九四九七三四	二四七九四九一一二九六 二七五四九九〇一四	六八七一九四七六七三六 六四四二四五〇九四
八三〇三七六五六二五 一一〇七一六八七五	二七六八〇六四〇六二五 三〇一九七〇六二五	七五四一八八九〇六二五 六九六一七四三七五
九四七四二九六八九六 一二三五七七七八五	三〇八四〇九七九四五六 三三〇四三九〇六五	八二六五三九五〇〇一六 七五一三九九五四五
一〇七七九二一五三二九 一三七六〇七〇〇四	三四二九六四四七二四九 三六一〇一五二三四	九〇四五八三八二一六九 八一〇〇七五〇六四
一二二三〇五九〇四六四 一五二八八二三八〇	三八〇六八六九二五四四 三九三八一四〇六〇	九八八六七四八二六二四 八七二三六〇一四〇
一三八四一二八七二〇一 一六九四八五一四九	四二一八〇五三三六四一 四二八九五四五七九	一〇七九一八一六三〇八一 九三八四一八八〇九

九	八	七
五三一四四一〇〇〇〇〇〇 三五四二九四〇〇〇〇	二六二一四四〇〇〇〇〇〇 一九六六〇八〇〇〇〇	一一七六四九〇〇〇〇〇〇 一〇〇八四二〇〇〇〇
五六七八六九一五二〇四一 三七四四一九二八七〇	二八二四二九五三六四八一 二〇九二〇七〇六四〇	一二八一〇〇二八三九二一 一〇八二五三七六一〇
六〇六三五五〇〇一三四四 三九五四四八九一三九	三〇四〇〇六六七一四二四 二二二四四三九〇五九	一三九三一四〇六九五〇四 一一六〇九五〇五七九
六四六九九〇一八三四四九 四一七四一三〇二一五	三二六九四〇三七三三六九 二三六三四二四三八五	一五一三三四二二六二八九 一二四三八四二九五五
六八九八六九七八一〇五七 四四〇三四二四一三四	三五一二九八〇三一六一六 二五〇九二七一六五四	一六四二〇六四九〇一七六 一三三一四〇三九七四
七三五〇九一八九〇六二五 四六四二六八五六二五	三七七一四九五一五六二五 二六六二二三一八七五	一七七九七八五一五六二五 一四二三八二八一二五
七八二七五七七八九六九六 四八九二二三六一八五	四〇四五六七二三五一三六 二八二二五六二一〇五	一九二六九九九二八五七六 一五二一三一五二二五
八三二九七二〇〇四九二九 五一五二四〇四一五四	四三三六二六二〇一〇〇九 二九九〇五二五五二四	二〇八四二二三八〇〇八九 一六二四〇七〇四九四
八八五八四二三八〇八六四 五四二三五二四七八〇	四六四四〇四〇八六七八四 三一六六三九一五〇〇	二二五一九九六〇〇七〇四 一七三二三〇四六二〇
九四一四八〇一四九四〇一 五七〇五九四〇二九九	四九六九八一二九〇九六一 三三五〇四三五六六九	二四三〇八七四五五五二一 一八四六二三三八三九

六乘方表

	一	二	三
〇	一〇〇〇〇〇〇〇 七〇〇〇〇〇	一二八〇〇〇〇〇〇〇 四四八〇〇〇〇〇	二一八七〇〇〇〇〇〇〇 五一〇三〇〇〇〇〇
一	一九四八七一七一 一二四〇〇九二	一八〇一〇八八五四一 六〇〇三六二八四	二七五一二六一四一一一 六二一二五二五七六
二	三五八三一八〇八 二〇九〇一八八	二四九四三五七八八八 七九三六五九三二	三四三五九七三八三六八 七五一六一九二七六
三	六二七四八五一七 三三七八七六六	三四〇四八二五四四七 一〇三六二五一二二	四二六一八四四二九七七 九〇四〇二七五七八
四	一〇五四一三五〇四 五二七〇六七五	四五八六四七一四二四 一三三七七二〇八三	五二五二三三五〇一四四 一〇八一三六三〇九一
五	一七〇八五九三七五 七九七三四三七	六一〇三五一五六二五 一七〇八九八四三七	六四三三九二九六八七五 一二八六七八五九三七
六	二六八四三五四五六 一二七四四〇五一	八〇三一八一〇一七六 二一六二四一〇四三	七八三六四一六四〇九六 一五二三七四七六三五
七	四一〇三三八六七三 一六八九六二九八	一〇四六〇三五三二〇三 二七一一九四三四二	九四九三一八七七一三三 一七九六〇〇八四八六
八	六一二二二〇〇三二 二三八〇八五五六	一三四九二九二八五一二 三三七三二三二一二	一一四四一五五八二五九二 二一〇七六五五四六八
九	八九三八一七三九 三二九三二一一六	一七二四九八七六三〇九 四一六三七六三二四	一三七二三一〇〇六六七九 二四六三一二〇六三二

算迪卷七

粤雅堂校刊

六	五	四
二七九九三六○○○○○○○ 三二六五九二○○○○○○	七八一二五○○○○○○○ 一○九三七五○○○○○	一六三八四○○○○○○○ 二八六七二○○○○○○
三一四二七四二八三六○二一 三六○六四二六二○五二	八九七四一○六七七八五一 一二三一七四○一四六○	一九四七五四二七三八八一 二三二五○七二九六八
三五二一六一四六○六二○八 三九七六○一六四九○八	一○二八○七一七○二五二八 一三八三九四二六七六四	三三○五三九三三三二四八 三八四二三二二二二○
三九三八九八○六三九一六七 四三七六六四五一五四六	一一七四七一一一三九八三七 一五五一五○五二七九○	二七一八一八六一一一○七 四四二四九五四一三四
四三九八○四六五一一一○四 四八一○三六三三七一五	一三三八九二五二○九九八四 一七三五六四三七九○七	三一九二七七八○九六六四 五○七九四一九六九九
四九○二二二七八九○六二五 五二七九三二二三四三七	一五二二四三五二三四三七五 一九三七六四四八四三七	三七三六六九四五三一二五 五八一二六三五九三七
五四五五一六○七○一○五六 五七八五七七六五○一一	一七二七○九四八四九五三六 二一五八八六八五六一九	四三五八一七六五七二一六 六六三二○○七八二七
六○六○七一一六○五三二三 六三三二○八六七五一八	一九五四八九七四九三一九三 二四○○七五一三○七四	五○六六二三一二○四六二 七五四五四五○七三○
六七二二九八八八一八四三二 六九二○七二三七八三六	二二○七九八四一六七五五二 二六六四八○八四七八○	五八七○六八三四二二七二 八五六一四一三三二四
七四四六三五二五二五八九 七五五四二七一四一五六	二四八八六五一四八四八一九 二九五二六三七三五四八	六七八二二三○七二八四九 九六八八九○一○四○

九	八	七
四七八二九六九〇〇〇〇〇〇〇 三七二〇〇八七〇〇〇〇〇	二〇九七一五二〇〇〇〇〇〇〇 一八三五〇〇八〇〇〇〇〇	八二三五四三〇〇〇〇〇〇〇 八二三五四三〇〇〇〇〇
五一六七六一〇一九三五七三一 三九七五〇八四七六四二八	二二八七六七九二四五四九六二 一九七七〇〇六七五五三六	九〇九五一二〇一五八三九一 八九六七〇一九八七四
五五七八四六六〇一二三六四八 四二四四四八五〇〇九四〇	二四九二八五四七〇五六七六八 二一二八〇四六六九九九六	一〇〇三〇六一三〇〇四二八八 九七五一九八四八六五二
六〇一七〇〇八七〇六〇七五七 四五二八九三一二八四一四	二七一三六〇五〇九八九六二七 二二八八五八二六一三五八	一一〇四七三九八五一九〇九七 一〇五九三三九五八四〇二
六四八四七七五九四一九二六四 四八二九〇八八四六七三九	二九五〇九〇三四六五五七四四 二四五九〇八六二二一三一	一二一五一二八〇二七三〇二四 一一四九四四五四三一二三
六九八三三七二九六〇九三七五 五一四五六四三二三四三七	三二〇五七七〇八八二八一二五 二六四〇〇四六六〇九三七	一三三四八三八八六七一八七五 一二四五八四九六〇九三七
七五一四四七四七八一〇八一六 五四七九三〇四五二七八七	三四七九二七八二二一六九六 二八三一九七〇六四五九五	一四六四五一九四五七一七七六 一三四八八九九五〇〇〇三
八〇七九八二八四四七八一一三 五八二〇八〇四〇三四五〇	三七七二五四七九四八七七八三 三〇三五三八三四〇七〇六	一六〇四八五二三二六六八五三 一四五八九五六六六〇六二
八六八一二五五三三二四六七二 六二〇〇八九六六六六〇四	四〇八六七五五九六三六九九二 三二五〇八〇八六〇七四八	一七五六五五六八八五四九一二 一五七六三九七二〇四九二
九三二〇六五三四七九〇六九九 六五九〇三六一〇四五八〇	四四二三一三三四八九五五二九 三四七八八六九〇三六七二	一九二〇三九〇八九八六一五九 一七〇一六一二一八八六四

七乘方表

	一	二	三
〇	〇〇〇〇〇〇〇〇 八〇〇〇〇〇〇	二五六〇〇〇〇〇〇〇〇 一〇二四〇〇〇〇〇〇	六五六一〇〇〇〇〇〇〇〇 一七四九六〇〇〇〇〇〇
一	二一四三五八八八一 一五五八九七三六	三七八二二八五九三六一 一四四〇八七〇八三二	八五二八九一〇三七四四一 二二〇一〇〇九一二八八
二	四二九九八一六九六 二八六六五四四六	五四八七五八七三五三六 一九九五四八六三一〇	一〇九九五一一六二七七七六 二七四八七七九〇六九四
三	八一五七三〇七二一 五〇一九八八一三	七八三一〇九八五二八一 二七二三八六〇三五七	一四〇六四〇八六一八二四一 三四〇九四七五四三八一
四	一四七五七八九〇五六 八四三三〇八二三	一一〇〇七五三一四一七六 三六六九一七七一三九	一七八五七九三九〇四八九六 四二〇一八六八〇一一五
五	二五六二八九〇六二五 一三六六八七五〇〇	一五二五八七八九〇六二五 四八八二八二五〇〇	二二五一八七五三九〇六二五 五一四七一四三七五〇〇
六	四二九四九六七二九六 二一四七四八三六四	二〇八八二七〇六四五七六 六四二五四四八一四〇	二八二一一〇九九〇七四五六 六二六九一三三一二七六
七	六九七五七五七四四一 二二八二七〇九三八	二八二四二九五三六四八一 八三六八二八二五六二	三五一二四七九四五三九二一 七五九四五五〇一七〇六
八	一一〇一九九六〇五七六 四八九七七六〇二五	三七七八〇一九九八三三六 二〇七九四三四二八〇九	四三四七七九二一三八四九六 九一一五三二四六六〇七三
九	一六九八三五六三〇四一 七一五〇九七三九一	五〇〇二四六四一二九六一 一三七九九〇〇一〇四七	五三五二〇〇九二六〇四八一 一〇九七八四〇五三四三

五	四
三九〇六二五〇〇〇〇〇〇〇〇〇 六二五〇〇〇〇〇〇〇〇〇〇	六五五三六〇〇〇〇〇〇〇〇〇 一三一〇七二〇〇〇〇〇
四五七六七九四四五七〇四〇一 七一七九二八五四二二八〇	十九八四九一五二二九一二一 一五五八〇三四一九一〇四
五三四五九七二八五三一四五六 八二二四五七三六二〇二二	九六八一六五一九九六四一六 一八四四三一四六六五九八
六二二五九六九〇四一一三六一 九三九七六八九一一八六九	一一六八八二〇〇二七七六〇一 二一七四五四八八八八八五
七二三〇一九六一三三九一三六 一〇七一一四〇一六七九八七	一四〇四八二二三六二五二一六 二五五四二二二四七七三一
八三七三三九三七八九〇六二五 一二一七九四八一八七五〇〇	一六八一五一二五三九〇六二五 二九八九三五五六二五〇〇
九六七一七三一一五七四〇一六 一三八一六七五八七九六二八	二〇〇四七六一二二三一九三六 三四八六五四一二五七七二
一一一四二九一五七一一二〇〇一 一五六三九一七九九四五五四	二三八一一二八六六六一七六一 四〇五二九八四九六三七〇
一二八〇六三〇八一七一八〇一六 一七六六三八七三三四〇四一	二八一七九二八〇四二九〇五六 四六九六五四六七三八一七
一四六八三〇四三七六〇四三二一 一九九〇九二一一八七八五五	三三二三二九三〇五六九六〇一 五四二五七八四五八二七九

七	六
五七六四八〇一〇〇〇〇〇〇〇〇〇 六五八八三四四〇〇〇〇〇〇〇	一六七九六一六〇〇〇〇〇〇〇〇〇 二二三九四八八〇〇〇〇〇〇〇
六四五七五三五三一二四五七六一 七二七六〇九六一二六七一二	一九一七〇七三一二九九七二八一 二五一四一九四二六八八一六
七二二二〇四一三六三〇八七三六 八〇二四四九〇四〇三四三〇	二一八三四〇一〇五五八四八九六 二八一七二九一六八四九六六
八〇六四六〇〇九一八九四〇八一 八八三七九一八八一五二七七	二四八一五五七八〇二六七五二一 三一五一一八四五一一三三三
八九九一九四七四〇二〇三七七六 九七二一〇二四二一八四一九	二八一四七四九七六七一〇六五六 三五一八四三七二〇八八八三
一〇〇一一二九一五〇三九〇六二五 一〇六七八七一〇九三七五〇〇	三一八六四四八一二八九〇六二五 三九二一七八二三一二五〇〇
一一一三〇三四七八七四五四九七六 一一七一六一五五六五七四二〇	三六〇〇四〇六〇六二六九六九六 四三六四一二八五六〇八四四
一二三五七三六二九一五四七六八一 一二八三八八一八六一三四八二	四〇六〇六七六七七五五六六四一 四八四八五六九二八四二五八
一三七〇一一四三七〇六八三一三六 一四〇五二四五五〇八三九二九	四五七一六三二三九六五三三七六 五三七八三九一〇五四七四五
一五一七一〇八八〇九九〇六五六一 一五三六三一二七一八八九二七	五一三七九八三七四四二八六四一 五九五七〇八二六〇二七〇一

九	八
四三〇四六七二一〇〇〇〇〇〇〇〇 三八二六三七五二〇〇〇〇〇〇	一六七七七二一六〇〇〇〇〇〇〇〇 一六七七七二一六〇〇〇〇〇
四七〇二五二五二七六一五一五二一 四一三四〇八八一五四八五八四	一八五三〇二〇一八八八五一八四一 一八三〇一四三三九六三九六八
五一三二一八八七三一三七五六一六 四四六二七七二八〇九八九一八	二〇四四一四〇八五八六五四九七六 一九九四二八三七六四五四一四
五五九五八一八〇九六六五〇四〇一 四八一三六〇六九六四八六〇五	二二五二二九二二三二一三九〇四一 二一七〇八八四〇七九一七〇一
六〇九五六八九三八五四一〇八一六 五一八七八二〇七五三五四一一	二四七八七五八九一一〇八二四九六 二三六〇七二二二七二四五九五
六六三四二〇四三一二八九〇六二五 五五八六六九八三六八七五〇〇	二七二四九〇五二五〇三九〇六二五 二五六四六一六七〇六二五〇〇
七二一三八九五七八九八三八三三六 六〇一一五七九八二四八六五二	二九九二一七九二七一〇六五八五六 二七八三四二二五七七七三五六
七八三七四三三五九四三七六九六一 六四六三八六二七五八二四九〇	三二八二一一六七一五四三七一二一 三〇一八〇三八三五九〇二二六
八五〇七六三〇二二五八一七八五六 六九四五〇〇四二六五九七三七	三五九六三四五二四八〇五五二九六 三三六九四〇四七七〇九五九三
九二二七四四六九四四二七九二〇一 七四五六五二二七八三二五五九	三九三六五八八八〇五七〇二〇八一 三五三八五〇六七九一六四二三

八乘方表

三	二	一	
一九六八三〇〇〇〇〇〇〇〇〇 五九〇四九〇〇〇〇〇〇〇〇	五一二〇〇〇〇〇〇〇〇〇 二三〇四〇〇〇〇〇〇〇〇	一〇〇〇〇〇〇〇〇〇 九〇〇〇〇〇〇〇〇	
二六四三九六二二一六〇六七一 七六七六〇一九三三六九六九	七九四二八〇〇四六五八一 三四〇四〇五七三四二四九	二三五七九四七六九一 一九二九二二九九二九	一
三五一八四三七二〇八八八三二 九八九五六〇四六四九九八四	一二〇七二六九二一七七九二 四九三八八二八六一八二四	五一五九七八〇三五二 三八六九八三五二六四	二
四六四一一四八四四〇一九五三 一二六五七六七七五六四一六九	一八〇一一五二六六一四六三 七〇四七九八八六七五二九	一〇六〇四四九九三七三 七三四一五七六四八九	三
六〇七一六九九二七六六四六四 一六〇七二一四五一四四〇六四	二六四一八〇七五四〇二二四 九九〇六七七八二七五八四	二〇六六一〇四六七八四 一三二八二一〇一五〇四	四
七八八一五六三八六七一八七五 二〇二六六八七八五一五六二五	三八一四六九七二六五六二五 一三七三二九一〇一五六二五	三八四四三三五九三七五 二三〇六六〇一五六二五	五
一〇一五五九九五六六六八四一六 二五三八九九八九一六七一〇四	五四二九五〇三六七八九七六 一八七九四四三五八一一八四	六八七一九四七六七三六 三八六五四七〇五六六四	六
一二九九六一七三九七九五〇七七 三一六一二三一五〇八五二八九	七六二五五九七四八四九八七 二五四一八六五八二八三二九	一一八五八七八七六四九七 六二七八一八一六九六九	七
一六五二一六一〇一二六二八四八 三九一三〇一二九二四六四六四	一〇五七八四五五九五三四〇八 三四〇〇二一七九八五〇二四	一九八三五九二九〇三六八 九九一七九六四五一八四	八
二〇五八九一一三二〇九四六四九 四八一六八〇八三三四四三二九	一四五〇七一四五九七五八六九 四五〇二二一七七一六六四九	三二二六八七六九七七七九 一五二八五二〇六七三六九	九

四	五
二六二一四四○○○○○○○○○ 五八九八二四○○○○○○○○	一九五三一二五○○○○○○○○ 三五一五六二五○○○○○○○
三二七三八一九三四三九三九六一 七一八六四三二七○六二○八	二三三四一六五一七三○九○四五一 四一一九一一五○一一三三六○
四○六六七一三八三八四九四七二 八七一四三八六七九六七七四	二七七九九○五八八三六三五七一二 四八一一三七五五六七八三一○
五○二五九二六一一九三六八四三 一○五一九三八○二四九八四○	三二九九七六三五九一八○二一三三 五六○三三七二一三七○二二四
六一八一二一八三九五○九五○四 一二六四三四○一二六二六九四	三九○四三○五九一二三一三三四四 六五○七一七六五二○五二二二
七五六六八○六四二五七八一二五 一五一三三六一二八五一五六二	四六○五三六六五八三九八四三七五 七五三六○五四四一○一五六二
九二二一九○一六二六六九○五六 一八○四二八五一○○八七四二	五四一六一六九四四八一四四八九六 八七○四五五八○四一六六一四
一一一九一三○四七三一○二七六七 二一三四○一五七九九五五八四	六三五一四六一九五五三八四○五七 一○○二八六二四一四○○八○○
一三五二六○五四六○五九四六八八 二五三六一三五二三八六一五○	七四二七六五八七三九六四四九二八 一一五二五六七七三五四六二一四
一六二八四一三五九七九一○四四九 二九九○九六三七五一二六四○	八六六二九九五八一八六五四九三九 一三二一四七三九三八四三八八八

七	六
四〇三五三六〇七〇〇〇〇〇〇〇〇〇〇 五一八八三二〇九〇〇〇〇〇〇〇〇	一〇〇七七六九六〇〇〇〇〇〇〇〇〇〇 一五一一六五四四〇〇〇〇〇〇〇〇
四五八四八五〇〇七一八四四九〇三一 五八一一七八一七八一二一一八四	一一六九四一四六〇九二八三四一四一 一七二五三六五八一六九七五五二
五一九九八六九七八一四二二八九九二 六四九九八三七二二六七七八六二	一三五三七〇八六五四六二六三五五二 一九六五〇六〇九五〇二六四〇六
五八八七一五八六七〇八二六七九一三 七二五八一四〇八二七〇四六七二	一五六三三八一四一五六八五三八二三 二二三三四〇二〇二二四〇七六八
六六五四〇四一〇七七五〇七九四二四 八〇九二七五二六六一八三三九八	一八〇一四三九八五〇九四八一九八四 二五三三二七四七九〇三九五九〇
七五〇八四六八六二七九二九六八七五 九〇一〇一六二三五三五一五六二	二〇七一一九一二八三七八九〇六二五 二八六七八〇三三一六〇一五六二
八四五九〇六四三八四六五七八一七六 一〇〇一七三一三〇八七〇九四七八	二三七六二六八〇〇一三七九九九三六 三二四〇三六五四五六四二七二六
九五一五一六九四四四九一七一四三七 一一一二一六二六六二三九二九一二	二七二〇六五三四三九六二九四九四七 三六五四六〇九〇九八一〇九七六
一〇六八六八九二〇九一三二八四六〇八 一二三三一〇二九三三六一四八二二	三一〇八七一〇〇二九六四二九五六八 四一一四四六九一五六八八〇三八
四一九八五一五九五九八二六一八三一九 一三六五三九七九二八九一五九〇四	三五四五二〇八七八三五五七六二二九 四六二四一八五三六九八五七七六

九	八
三八七四二〇四八九〇〇〇〇〇〇〇〇〇 三八七四二〇四八九〇〇〇〇〇〇〇	一三四二一七七二八〇〇〇〇〇〇〇〇〇 一五〇九九四九四四〇〇〇〇〇〇
四二七九二九八〇〇一二九七八八四一一 四二三二二七二七四八五三六三六八	一五〇〇九四六三五二九六九九九一二一 一六六七七一八一六九九六六六五六
四七二一六一三六三二八六五五六六七二 四六一八九六九八五八二三八〇五四	一六七六一九五五〇四〇九七〇八〇三二 一九三九七二六七七二七八九四七八
五二〇四一一〇八二九八八四八七二九三 五〇三六二三六二八六九八五三六〇	一八六九四〇二五五二六七五四〇四〇三 二〇二七〇六三〇〇八九二五一三六
五七二九九四八〇二二二八六一六七〇四 五四八六一二〇四四六八六九七三四	二〇八二一五七四八五三〇九二九六六四 二二三〇八八三〇一九九七四二四六
六三〇二四九四〇九七二四六〇九三七五 五九七〇七八三八八一六〇一五六二	二三一六一六九四六二八三二〇三一二五 二四五二四一四七二五三五一五六二
六九二五三三九九五八二四四八〇二五六 六四九二五〇六二一〇八五四五〇二	二五七三二七四一七三一一六六三六一六 二六九二九六一三四三九五九二七〇
七六二三一〇五八六五四五六五二一七 七〇五三六九〇二三四一九三九二六四	二八五五四四一五四二四三〇二九五二十 二九五三九〇五〇四三八九三四〇八
八三三七四七七六二一三〇一四九八八八 七六五六八六七二〇三二三六〇七〇	三一六四七八三八一八二八八六六〇四八 三二三六七一〇七二三二四九七六六
九一三五一七二四七四八三六四〇八九九 八三〇四七〇二二四九八五一二八〇	三五〇三五六四〇三七〇七四八五二〇九 三五四二九二九九二五一三一八七二

九乘方表

	一	二	三
〇	一〇〇〇〇〇〇〇〇〇〇 一〇〇〇〇〇〇〇〇〇	一〇二四〇〇〇〇〇〇〇〇〇〇 五一二〇〇〇〇〇〇〇〇〇	五九〇四九〇〇〇〇〇〇〇〇〇〇 一九六八三〇〇〇〇〇〇〇〇〇
一	二五九三七四二四六〇一 二三五七九四七六九一	一六六七九八八〇九七八二〇一 七九四二八〇〇四六五八一	八一九六二八三八六九八〇六〇一 二六四三九六二二一六〇六七一
二	六一九一七三六四二二四 五一五九七八〇三五二	二六五五九九二二七九一四二四 一二〇七二六九二一七七九二	一二五八九九九〇六八四二六二四 三五一八四三七二〇八八八三二
三	一三七八五八四九一八四九 一〇六〇四四九九三七三	四一四二六五一一二一三六四九 一八〇一一五二六六一四六三	一五三一五七八九八五二六四四四九 四六四一一四八四四〇一九五三
四	二八九二五四六五四九七六 二〇六六一〇四六七八四	六三四〇三三八〇九六五三七六 二六四一八〇七五四〇二二四	二〇六四三七七七五四〇五九七七六 六〇七一六九九二七六六四六四
五	五七六六五〇三九〇六二五 三八四四三三五九三七五	九五三六七四三一六四〇六二五 三八一四六九七二六五六二五	二七五八五四七三五三五一五六二五 七八八一五六三八六七一八七五
六	一〇九九五一一六二七七七六 六八七一九四七六七三六	一四一一六七〇九五六五三三七六 五四二九五〇三六七八九七六	三六五六一五八四四〇〇六二九七六 一〇一五五九九五六六六八四一六
七	二〇一五九九三九〇〇四四九 一一八五八七八七六四九七	二〇五八九一一三二〇九四六四九 七六二五五九七四八四九八七	四八〇八五八四三七二四一七八四九 一二九九六一七三九七九五〇七七
八	三五七〇四六七二二六六二四 一九八三五九二九〇三六八	二九六一九六七六六六九五四二四 一〇五七八四五五九五三四〇八	六二七八二一一八四七九八八二二四 一六五二一六一〇一二六二八四八
九	六一三一〇六六二五七八〇一 三二二六八七六九七七七九	四二〇七〇七二三三三〇〇二〇一 一四五〇七一四五九七五八六九	八一四〇四〇六〇八五一九一六〇一 二〇八七二八三六一一五八七五九

四	五
一○四八五七六○○○○○○○○○○ 二六二一四四○○○○○○○○○○	九七六五六二五○○○○○○○○○○ 一九五三一二五○○○○○○○○○○
一三四二二六五九三一○一五二四○一 三二七三八一九三四三九三九六一	一一九○四二四二三八二七六一三○○一 二三三四一六五一七三○九○四五一
一七○八○一九八一二一六七七八二四 四○六六七一三八三八四九四七二	一四四五五五一○五九四九○五七○二四 二七七九九○五八八三六三五七一二
二一六一一四八二三一三二八四二四九 五○二五九二六一一九三六八四三	一七四八八七四七○三六五五一三○四九 三二九九七六三五九一八○二一三三
二七一九七三六○九三八四一八一七六 六一八一二一八三九五○九五○四	二一○八三二五一九二六四九二○五七六 三九○四三○五九一二三一三三四四
三四○五○六二八九一六○一五六二五 七五六六八○六四二五七八一二五	二五三二九五一六二一一九一四○六二五 四六○五三六六五八三九八四三七五
四二四二○七四七四八二七七六五七六 九二二一九○一六二六六九○五六	三○三三○五四八九○九六一一四一七六 五四一六一六九四四八一四四八九六
五二五九九一三二二三五八三○○四九 一一一九一三○四七三一○二七六七	三六二○三三三三一四五六八九一二四九 六三五一四六一九五五三八四○五七
六四九二五○六二一○八五四五○二四 一三五二六○五四六○五九四六八八	四三○八○四二○六八九九四○五八二四 七四二七六五八七三九六四四九二八
七九七九二二六六二九七六一二○○一 一六二八四一三五九七九一○四四九	五一一一一六七五三三○○六四一四○一 八六六二九九五八一八六五四九三九

八	七
二八二四七五二四九〇〇〇〇〇〇〇〇〇〇 四〇五三六〇七〇〇〇〇〇〇〇〇〇	六〇四六六一七六〇〇〇〇〇〇〇〇〇〇 一〇〇七七六九六〇〇〇〇〇〇〇〇〇
三二五五二四三五五一〇〇九八八一二〇一 四五八四八五〇〇七一八四四九〇三一	七一三三四二九一一六六二八八二六〇一 一一六九四一四六〇九二八三四一四一
三七四三九〇六二四二六二四四八七四二四 五一九九八六九七八一四二二八九九二	八三九二九九三六五八六八三四〇二二四 一三五三七〇八六五四六二六三五五二
四二九七六二五八二九七〇三五五七六四九 五八八七一五八六七〇八二六七九一三	九八四九三〇二九一八八一七九〇八四九 一五六三三八四一五六八五三八二三
四九二三九九〇三九七三五五八七七三七六 六六五四〇四一〇七七五〇七九四二四	一一五二九二一五〇四六〇六八四六九七六 一八〇一四三九八五〇九四八一九八四
五六三一三五一四七〇九四七二六五六二五 七五〇八四六八六二七九二九六八七五	一三四六二七四三三四四六二八九〇六二五 二〇七一一九一二八三七八九〇六二五
六四二八八八八九三二三三九九四一三七六 八四五九〇六四三八四六五七八一七六	一五六八三三六八八〇九一〇七九五七七六 二三七六二六八〇〇一三七九九九三六
七三二六六八〇四七二五八六二〇〇六四九 九五一五一六九四四四九一七一四三七	一八二二八三七八〇四五五一七六一四四九 二七二〇六五三四三九六二九四九四七
八三三五七七五八三一二三六一九九四二四 一〇六八六八九二〇九一三二八四六〇八	二一一三九二二八二〇一五七二一〇六二四 三一〇八七一一〇〇二九六四二九五六八
九四六八二七六〇八二八二六八四七二〇一 六一九八五一五九五九八二六一八三一九	二四四六一九四〇六〇六五四七五九八〇一 二五四五二〇八七八三五五七六二二九

九	八
三四八六七八四四○一○○○○○○○○○○ 三八七四二○四八九○○○○○○○○○○	一○七三七四一八二四○○○○○○○○○○ 一三四二一七七二八○○○○○○○○○○
三八九四一六一一八一一八一○七四五四○一 四二七九二九八○○一二九七八八四一一	一二一五七六六五四五九○五六九二八八○一 一五○○九四六三五二九六九九九一二一
四三四三八八四五四二二三六三二一三八二四 四七二一六一三六三二八六五五六六七二	一三七四四八○三一三三五九六○五八六二四 一六七六一九五五○四○九七○八○三二
四八三九八二三○七一七九二九三一八二四九 五二○四一一○八二九八八四八七二九三	一五五一六○四一一八七二○五八五三四四九 一八六九四○二五五二六七五四○四○三
五三八六一五一一四○九四八九九七○一七六 五七二九九四八○二二二八六一六七○四	一七四九○一二二八七六五九八○九一七七六 二○八二一五七四八五三○九二九六六四
五九八七三六九三九二三八三七八九○六二五 六三○二四九四○九七二四六○九三七五	一九六八七四四○四三四○七二二六五六二五 二三一六一六九四六二八三二○三一二五
六六四八三二六三五九九一五○一○四五七六 六九二五三三九九五八二四四八○二五六	二二一三○一五七八八八八○三○七○九七六 二五七三二七四一七三一一六六三六一六
七三七四二四一二六八九四九二八二六○四九 七六○二三一○五八六五四五六五二一七	二四八四二三四一四一九一四三五六八八四九 二八五五四四一五四二四三○二九五二七
八一七○七二八○六八八七五四六八九○二四 八三三七四七七六二一三○一四九八八八	二七八五○○九七六○○九四○二一二二二四 三一六四七八三八一八二八八六六○四八
九○四三八二○七五○○八八○四四九○○一 九一三五一七二四七四八三六四○八九九	三一一八一七一九九二九九六六一八三六○一 三五○三五六四○三七○七四八五二○九

算迪卷七

譚瑩玉生覆校

算迪卷八

南海　何夢瑤　報之撰

比例尺解

作比例尺又名比例規。

爲銅尺二各長二十寸零五分。以五分爲樞。餘二十寸作下各種綫。一曰平分綫。以御三率。一曰分面綫。一曰更面綫。以御面冪。一曰分體綫。一曰更體綫。以御體積。一曰五金綫。以御輕重。一曰分員綫。一曰正弦綫。一曰正切綫。一曰正割綫。以御測量。併製平儀諸器。凡此十綫。或總於一尺作之。或分數尺作之。皆可。

尺式

甲點樞心也。自樞心至末爲乙。二十寸。愈長愈隹。兩樞相交使聯合爲一樞。厚止及尺身之半。兩樞相交卽

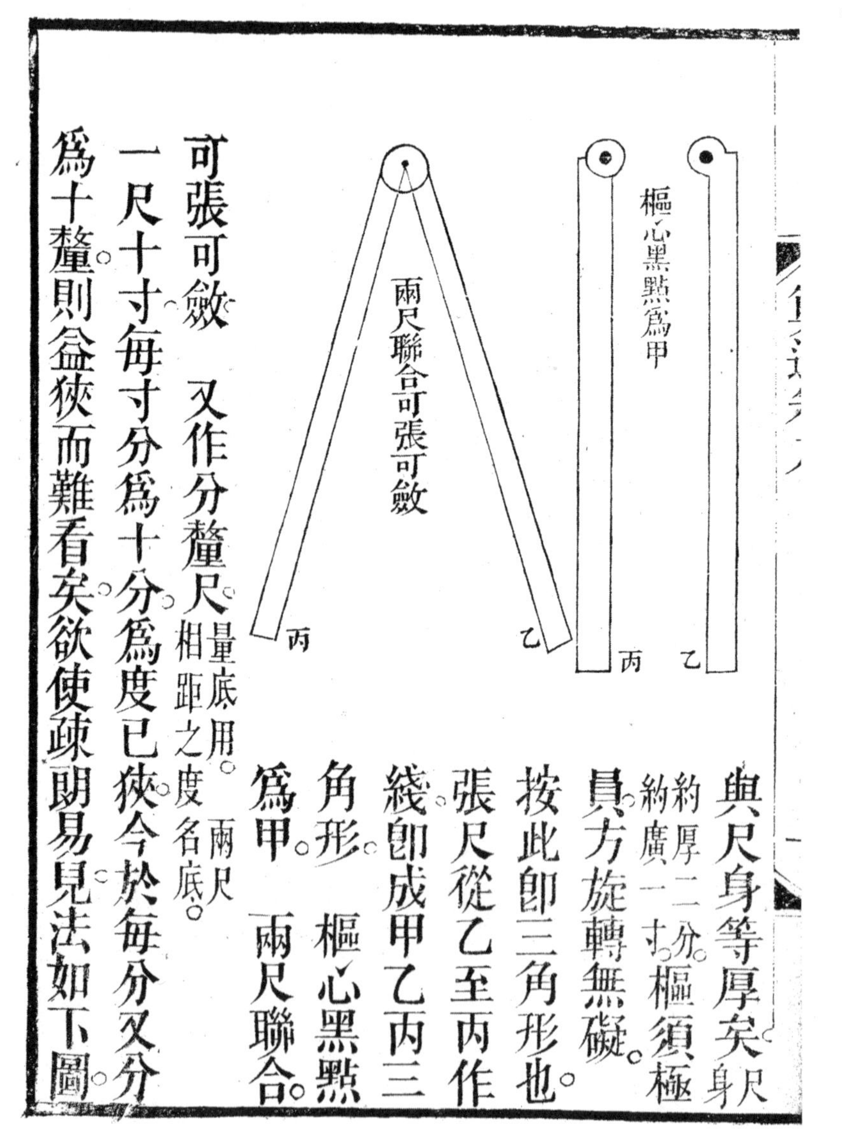

與尺身等厚矣尺身約厚二分。約廣一寸。樞須極圓方旋轉無礙。按此卽三角形也。張尺從乙至丙作綫卽成甲乙丙三角形。樞心黑點爲甲。兩尺聯合。可張可斂

又作分釐尺量底用。兩尺相距之度名底。一尺十寸每寸分爲十分爲度已狹今於每分又分爲十釐則益狹而難看矣欲使疎朗易見法如下圖

甲巳乙戊長三寸將甲乙邊巳戊邊並分爲十分相

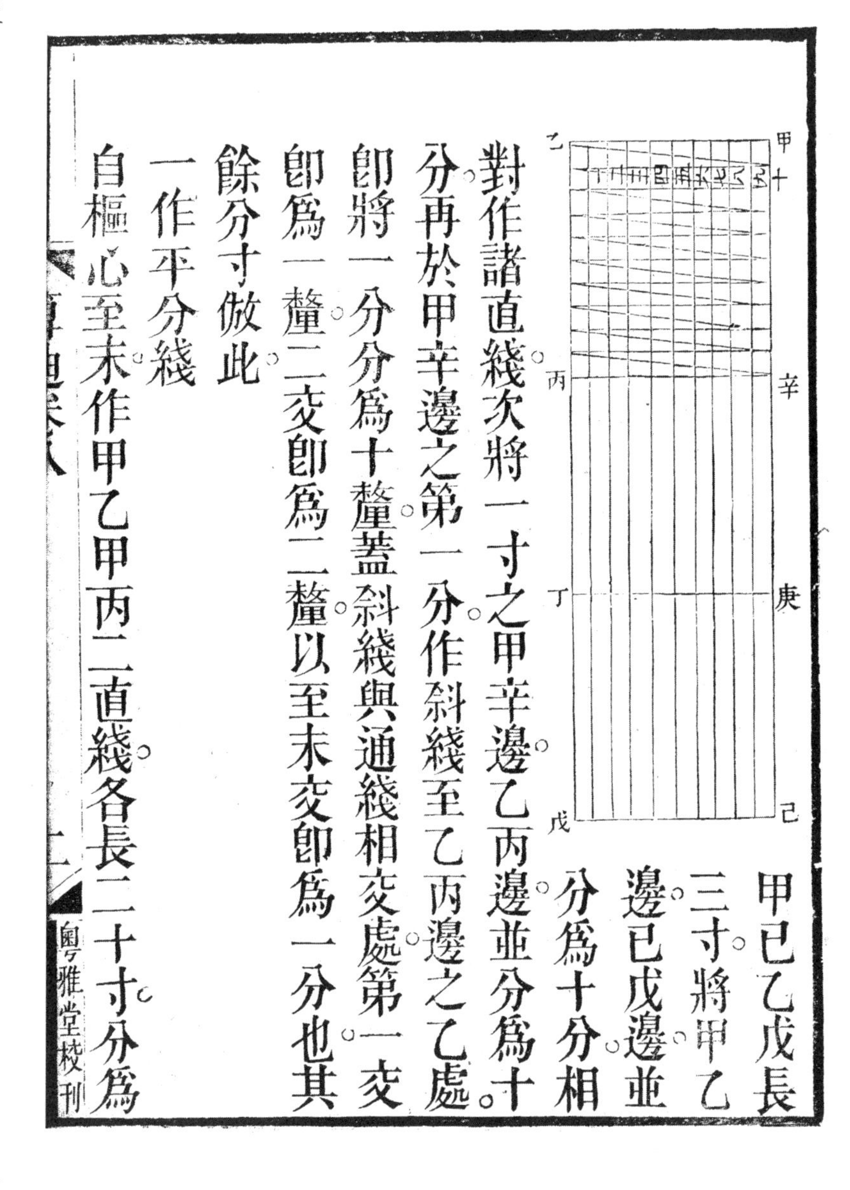

對作諸直綫次將一寸之甲辛邊乙丙邊並分爲十分再於甲辛邊之第一分作斜綫至乙丙邊之乙處卽將一分分爲十釐盖斜綫與通綫相交處第一交卽爲一釐二交卽爲二釐以至末交卽爲一分也其餘分寸倣此

一作平分綫

自樞心至末作甲乙甲丙二直綫各長二十寸分爲

二百分

甲 乙 丙

用法

一。相乘之法。如每人給銀七兩。問十三人共給若干。法張尺從樞心起數取一寸。兩尺俱數一寸也。後做此。一寸當一人。如子丑二點。以分釐尺七分當七兩。為底。即子丑之距。定尺。定者不得移動也。後做此。又從樞心起數取十三寸。如寅卯兩點。當十三人。而量其底。寅卯之距。得九寸一分。知為其給九十一兩也。按此以人為實。銀為法。列實於尺。列法於底也。然法實可互用。則亦可列實於底。列法於尺。先張尺取七

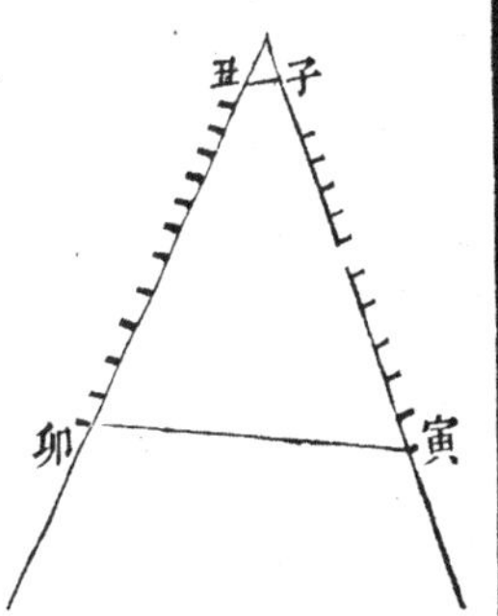

分之底一寸定尺次以十三寸爲底於尺上比至九寸一分其相距之度恰合知爲九十一兩下條倣此推之

用法二相除之法。如每人給銀七兩計給過銀九十一兩問給幾人。　法取尺七分當七兩以分釐尺一寸爲底當一人。次取尺九寸一分當九十一兩而量其底得十三寸當十三人

用法三乘除並用法。　按上二條亦即乘除並用法以首率爲一不須乘除故於此言之　如有帛長三丈四尺欲分作十七段問二段長若干　法張尺從樞心起數十七分當十七段如己庚兩點以分

粵雅堂校刊

釐尺三寸四分爲底當三丈四尺。定尺又從樞心起數二分當二段。如子丑二點以分釐尺量其底得四分當四尺。卽知二段長四尺也　按二分近樞心難用可借二寸甲酉二點用之量其底得四十分退一位命之亦可此小數借用大數法也又大數亦可借作小數用凡數大尺所不具者當借作小數用但進位命之卽是卽如此條三丈四尺每尺百分計得三千四百分今以三十四分當之亦大數借

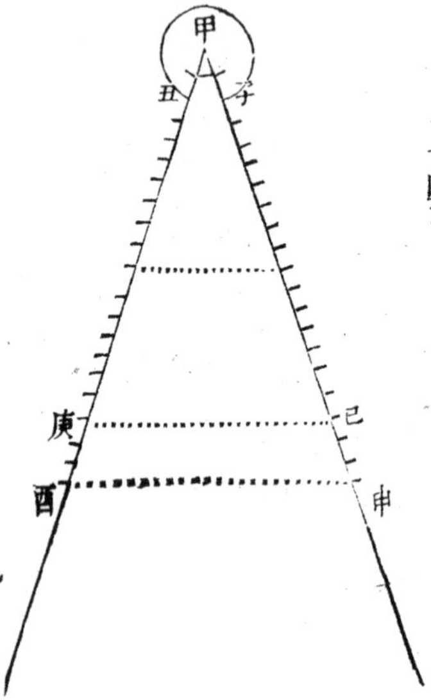

用小數也。此卽四率法。何則。甲子丑小三角形與甲己庚大三角形相似。故比例等。法爲甲己十七比己庚三十四。三十四比十七多一倍。若甲子二比子丑四也。亦四比二多一倍。又甲申酉與甲己庚形亦相似。法爲甲己比己庚若甲申比申酉也。凡分物與交易並視此。蓋十七段之分三十四尺。而知二段所得爲四尺。猶十七人分銀三十四兩。而知二人所得爲四兩。又猶十七豕之換三十四羊。而知二豕之換四羊也。

用法四。約分法。如有舊釵嫌短。欲作新釵。比舊釵長五分之一。問其度。法張尺取五寸。以舊釵爲底。定尺。又取一寸而量其底。得數卽舊釵五分之一。以加舊釵得新釵度。如舊釵長五寸。則新釵長六寸。如舊釵長四寸則新釵長四寸八分也。

用法五亦約分法如長短二釵相比。問短釵得長釵幾分之幾。法取尺十寸。以短釵爲底。定尺次以長釵爲底。於尺上比至十二寸之距適合。知短釵得長釵十二分之十也。

用法六。通分法。如有米三百六十五石又四分石之一。問通作若干分。法取一寸當一石。以分母四爲底。每石化作四分也。定尺次取三寸六分五釐。應取三百六十五寸。因尺僅長二十寸。故降二等用之。而量其底。得一寸四分六釐。加入分子一釐。共一寸四分七釐。升二等爲一百四十七寸。得米一千四百七十分。

用法七。句股法。如有句五尺。股十二尺。問弦若干。法先定正方角以一尺爲股取四寸。一尺爲句取三寸記點而於兩點之底取五寸合於句三股四弦五之度爲句股正方角定尺而後於一尺取五寸。當句五尺。於一尺取十二寸。當股十二尺。而量其底得十三寸。當弦十三尺也。

甲乙十二寸。　甲丙五寸。

乙丙十三寸。

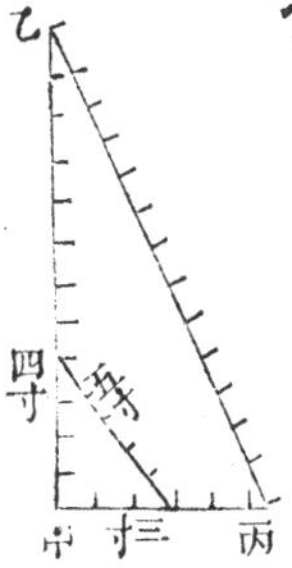

用法八。三角法。如甲乙丙三角形有甲角五十度。丙甲邊一百二十尺。乙甲邊一百一十尺零六寸。求乙丙邊法先定角度數。尺十寸。如半徑取其底十寸。如六十度之通弦。

別取分員綫（見下分員綫篇）五十度（如半徑）而量其底（為五十度之通弦。理詳分員綫篇。）得數改用此數為十寸之底。斂規（比例尺又名比例規。故稱規。）定尺得甲角五十度。隨於一尺取十二寸當丙甲邊一百二十尺。又於一尺取十一寸零六釐。當乙甲邊一百一十尺零六寸。並記點。而量兩點之斜距。得九寸七分八釐。卽乙丙邊九十七尺八寸也。

乙
一百十尺零六寸
九十七尺八寸
甲
一百二十尺
丙

再圖明之。甲己甲戊並十寸。半徑也。戊己底十寸。戊己六十度之通弦也。斂甲戊為甲壬。則壬己又五十度之通弦也。

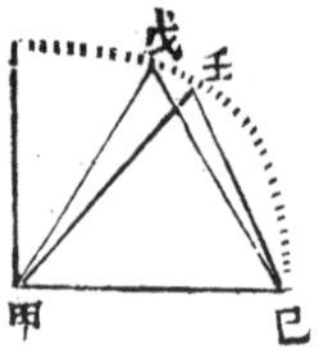

戊
壬
甲
己

用法九。周徑相求法。如有員徑三十五寸。問周若干。法依徑七周二十二徑七寸。則周二十二寸也。定率取尺七分以二寸二分爲底次取尺三寸五分。降一等用之。量其底得一十一寸升一位爲一百一十寸卽周數

用法十。三率連比例。求第三率法。如首率二次率五問三率若干法取尺二寸以五寸爲底定尺又取五寸而量其底得一尺二寸半如所求

一作分面綫面卽平方綫平方之邊綫也。名曰根。

作甲乙甲丙二綫。每綫分一百度。各度長短不同。如冪積一寸者。其根一寸。積二寸者。其根一寸四分零積三寸者其根一寸七分二釐零積四寸者其根二

寸。各根之長短須以開平方法取之。非如平分綫之可勻分也。

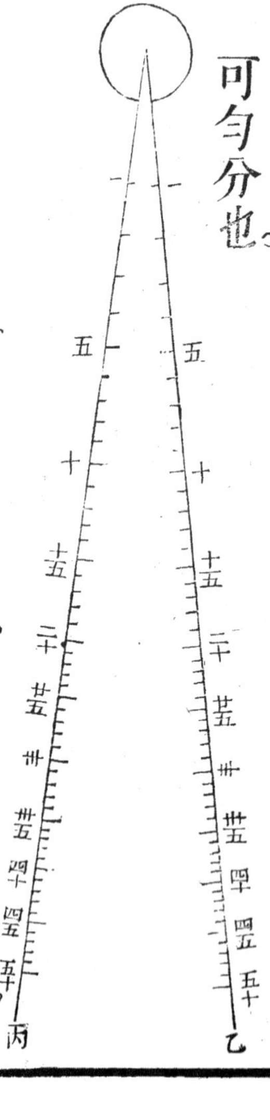

捷法以量代算。從樞心甲起截一寸爲第一點如乙則甲乙爲冪積一寸之根因照甲乙度如下法作平方形

展尺作句股形。甲爲正方角截甲乙爲股。甲丙爲句並長一寸相乘得平方積一寸是甲乙乃冪積一寸之根也。 次取乙丙弦度截第二點如丁則甲丁乃

積二寸之根何者。甲乙股也。甲丙句也。乙丙弦也。弦自乘數兼有句股自乘數。故甲丙句數自乘得積一寸。甲乙股自乘亦得積一寸。并之開方得乙丙弦。是乙丙弦乃積二寸之根也。而移乙丙爲甲丁。則甲丁即積二寸之根明矣。　次取丁丙弦度截第三點如戊。則甲戊乃積三寸之根。甲丙句自乘得積一寸。甲丁股自乘得積二寸。并之開方得丁丙弦。即甲戊也。次取丙戊弦度截第四點如已。則甲已乃積四寸

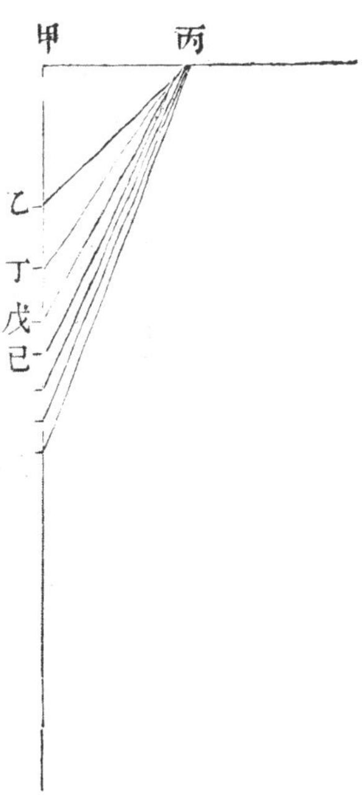

之根（亦可倍甲乙度爲甲己。）以下各點倣此截之截至一百點止。又法以甲乙度作甲丙積一寸之正方將甲乙邊丙乙邊各引長之如求積二寸之方邊則於引長之甲乙邊截至丁使乙丁如甲乙之倍（甲乙一寸。乙丁二寸也。）成甲丁綫半之於戊以戊爲心甲丁爲界作半員截引長之丙乙綫於己則己乙乃積二寸之方邊也（此三率連比例之理。蓋首率甲乙一。乘末率乙丁二。得積二寸。開方得邊己乙一寸四分零也。）若求積三寸之方邊則所截乙丁當三倍甲乙餘

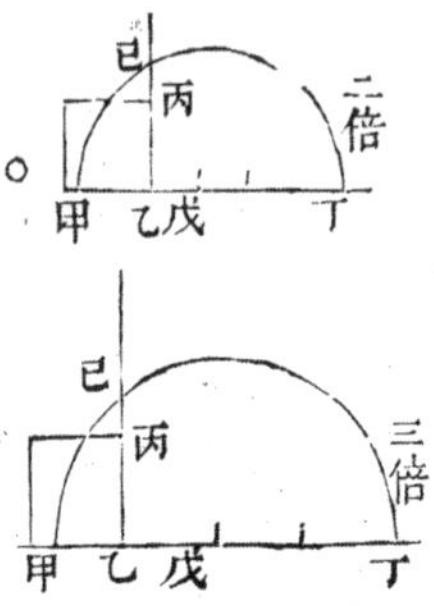

己 丙 二倍 甲 乙 戊 丁

己 丙 三倍 甲 乙 戊 丁

法同理詳分體綫篇首。

用法一（以積求根。）如有平方積八十一尺問方根若干　法降

一等作八十一寸。取尺第一點。以一寸爲底定尺。次取八十一點。而量其底得九寸。升爲九尺。合問。

用法二。併積求根。如有甲乙丙三平方形。甲形每邊一寸。其積數之比例。甲爲一分。乙爲六分。丙爲九分。今欲另作一大方形。其積與三者相併之數等。問方根。　法併三積共十六分。乃取尺第一點。因甲之積爲一分。故用一點也。以甲邊一寸爲底定尺。次取十六點而量其底。得四寸。卽今形之邊也。

用法三。兩積相比。如有同式長方形二。其小者長一寸。闊八分。大者長四寸。闊三寸二分。每長一寸。得闊八分也。故與小形同式。問其積之比例。小者爲大者幾分之一。　法倣上條取尺第一點。（小者爲一分。故取一點。）以小形長一寸爲底。定尺。次以大形長四寸爲底。（長一寸者爲一分。長四寸者爲十六分也。）則於尺上比至十六點之距恰合。知大形之比小形爲十六分之一也。蓋同式大小之長方與大小正方比例同。大正方每邊四寸。相乘得積十六寸。比小正方每邊一寸。相乘得積一寸。固爲十六分與一。而大長方長四寸。乘闊三寸二分。得積十二寸八分。比小長方長一寸。乘闊八分。得積八分。亦爲十六分與一也。若改用闊爲底。所得亦同。

用法四（減積求根。）如有甲乙兩三角形。甲形每邊一寸。乙形每邊四寸。今欲將兩積相減。取其餘積作同式等邊三角形問其邊若干。　法依上條取尺第一點以甲邊一尺爲底定尺亥以乙邊四寸爲底於尺上比至十六點之距恰合卽大形與小形之比例爲十六與一相減餘十五爲較積隨取十五點而量其底得三寸八分七釐卽較形之邊也何則等邊三角形卽長方形之一半也（每邊一寸。求其中垂綫。僅得八分餘。不及一寸。故爲長方。不得爲正方。）凡兩相比例半與半若全與全

用法五（加積求根）如有五等邊形每邊二十寸今欲九倍其積作同式五等邊形問每邊　法取尺一點以二寸當二十寸爲底定尺亥取尺九點而量其底得六寸升爲六十寸卽今邊蓋五邊形分之卽五个三角形也三

角之比例，同於方之比例，已詳上條。六邊以上倣此。

用法六。三率連比例求中率法。如有長方形，闊二丈，長八丈，今欲作一正方形與之等積，問根。如云首率二，末率八，問中率若干。法取尺二點，以二寸當二丈為底，定尺。次取八點而量其底，得四寸，升為四丈，合問。

此連比例之理。連比例者，次率三率同數者是也。凡連比例，其首率自乘所作正方形，如二自乘得四。與中率自乘所作正方形，如四自乘得一十六。之比例，四與十六相比，為四分之一。同於首率二與末率八之比例。二比八，亦四分之一。今首率為二尺，末率為八尺，則首率所作正方形與中率所作正方形之比例，即如二與八之比例，故以二點相距之度爲首率之數則八點相距之度必爲中率之數可知矣。

一作更面綫更，改也。謂改此面爲彼面也。如改方作員，改員作方之類

諸面圖形

正方形 即四角等邊形

員形

三角等邊形

五角等邊形

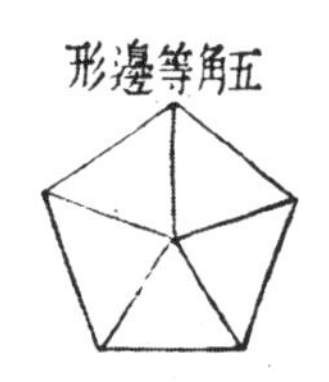

六角等邊形

七角等邊形

八角等邊形

九等邊形以上可以類推

凡諸平面形不同而積相等者，其邊必不等。故積一百寸者，正方形每邊一尺；員形徑一尺一寸二分八釐四毫；三等邊形每邊一尺五寸一分九釐七毫五

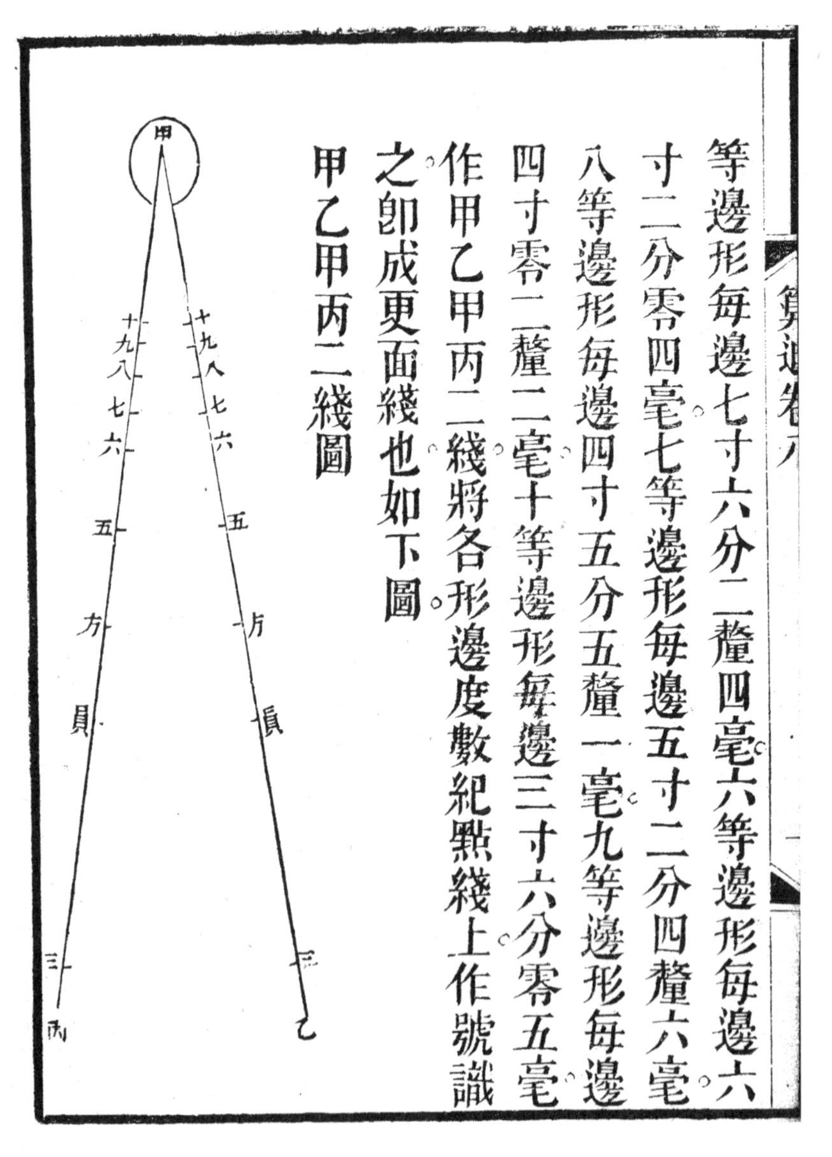

算迪卷六

等邊形每邊七寸六分二釐四毫六等邊形每邊六寸二分零四毫七等邊形每邊五寸二分四釐六毫八等邊形每邊四寸五分五釐一毫九等邊形每邊四寸零二釐二毫十等邊形每邊三寸六分零五毫作甲乙甲丙二綫將各形邊度數紀點綫上作號識之卽成更面綫也如下圖

甲乙甲丙二綫圖

用法一。他形更方。等積求根。如有員形。徑一尺二寸。欲作正方形積與相等。問每邊若干。　法取尺上員號兩點。以一寸二分當一尺二寸。為底。定尺。次取方號兩點之距。量得一寸零六釐。當一尺零六分。卽為方邊也。

用法二。方更他形。等積求根。如有十等邊形積四千四百四十五尺。問每邊若干。　法先取等積之正方形。然後可得十邊形之比例。先用分面綫第一點。以一寸為底。定尺。乃一寸自乘得積一寸也。以當積一百尺。與四千四百四十五尺相較。其比例為一分與四十四分四釐五毫。卽取分面綫四十四點又九分點之四。卽四四五。量其底得六寸六分又三分分之二。卽正方邊六十六

尺又三分尺之二也乃取更體綫方號兩點以方邊六寸六分又三分分之二爲底定尺次取十邊號兩點之底量得二寸四分卽二十四尺爲所求

用法三（他形相更併積求根）如有三邊形每邊十五尺又有五邊形每邊十尺欲併作一正方形問每邊若干　法取尺上三邊號兩點以每邊十五尺降作一寸五分爲底定尺次取方號兩點之距量得九分八釐七毫卽九尺八寸七分爲方形每邊又取五邊號兩點以每邊十尺降作一寸爲底定尺次取方號兩點之距量得一寸三分一釐卽十三尺一寸爲方形每邊乃將兩方形照分面綫用法三求其積之比例取分面綫第

十點以小方邊九分八釐七毫爲底定尺次取大方邊一寸三分一釐爲底於分面綫上比至第十七分六釐之距恰合卽兩方形之比例爲十分與十七分六釐併之得二十七分六釐卽取分面綫二十七分六釐而量其底得一寸六分四釐卽一十六尺四寸爲今所求之正方邊也

用法四（他形相更減積求根）如有八邊形每邊十二尺又有六邊形每邊六尺今將兩形積相減取其餘積作七邊形問其邊若干　法取八邊號兩點之距一寸二分（當十二尺）定尺次取七邊號兩點之距量得一寸三分八釐卽七邊形每邊一十三尺八寸也又取六邊號兩點之

距六分當六尺。定尺。次取七邊號兩點之距。量得五分零七毫。卽七邊形每邊五尺零七分也。乃將兩七邊形照分面綫用法三四五等條。求其積之比例。取分面綫第十點。以小邊五分零七毫爲底。定尺。復以大邊一寸三分八釐爲底。於分面綫上比至第七十八點之距。恰合。卽兩七邊形之比例爲十分與七十八分相減餘六十八分。卽取分面綫六十八點之距量得一寸三分。卽十三尺爲所求一作分體綫體卽立方綫立方之邊也。亦名根。

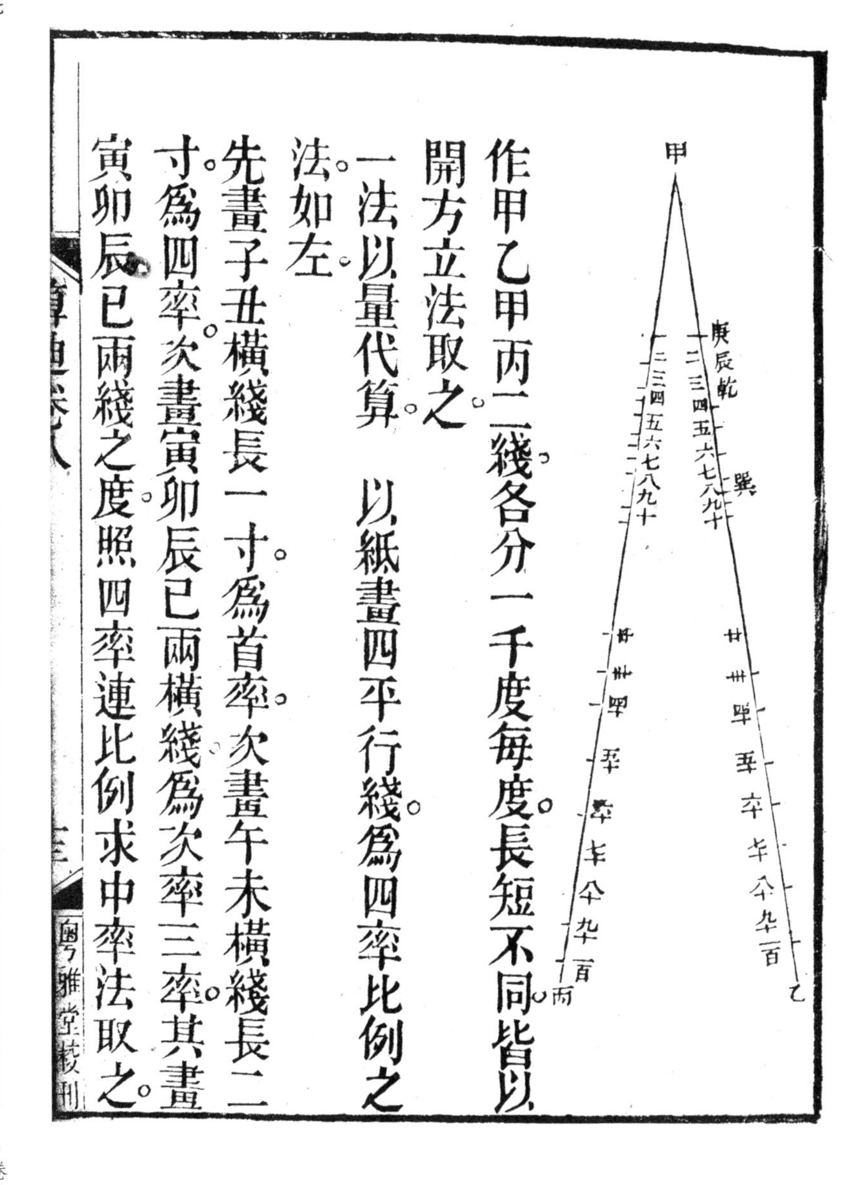

作甲乙甲丙二綫。各分一千度。每度長短不同。皆以開方立法取之。

一法以量代算。 以紙畫四平行綫爲四率比例之法如左。

先畫子丑橫綫長一寸。爲首率。次畫午未橫綫長二寸。爲四率。次畫寅卯辰巳兩橫綫爲次率三率。其畫寅卯辰巳兩綫之度。照四率連比例求中率法取之。

粵雅堂校刊

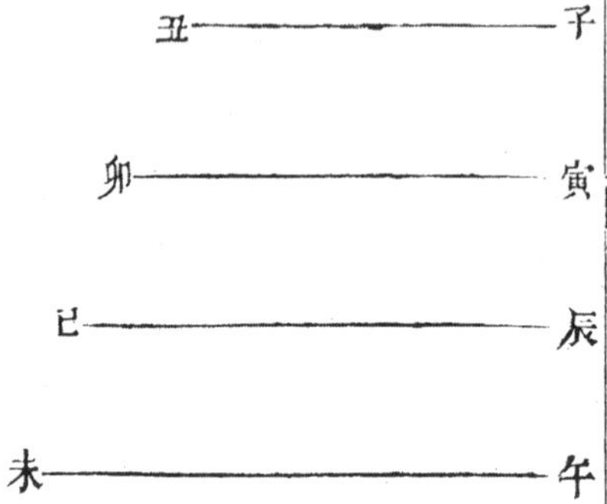

然須先明三率連比例求中率法。而後明四率連比例求中率法。按三率求中率法。如有乙丙綫一寸爲首率。甲乙綫四寸爲末率。求乙丁中率法。以首末率相乘得積四寸

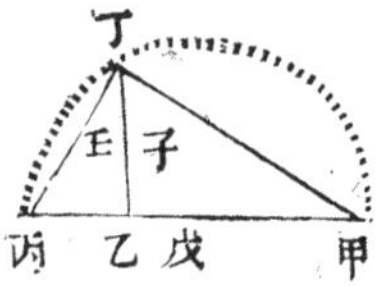

此與中率自乘之積。同於是開方得中率乙丁之邊二寸。是因積以知邊也。若以量代算。則將甲乙乙丙二綫相連爲一甲丙全綫。乃平分甲丙綫於戊。以戊爲心。以甲丙爲界。運規作半員。自乙處作乙丁垂綫

卽爲甲乙乙丙二綫之中率。量得二寸。何者。試作丁甲丁丙二綫成甲丁丙大句股形。內分甲乙丁及丁乙丙爲子丑兩句股形。此二形爲相似。以丁乙綫分甲丁丙大形正方丁角爲兩。則丑形丁角。爲子形丁角之餘。又子形合三角成二正方形。除乙角一正方形。餘甲丁二角。合爲一正方形。於所合正方角內。減去丁角。則餘爲甲角。甲角亦丁角之餘。夫丑形丁角。與子形甲角。均爲子形丁角之餘。則子形之甲角。卽同丑形之丁角。而子形之丁角。又必同丑形之丙角可知。故爲相似形也。法爲以子形甲乙股。比丁乙句。若丑形丁乙股。與乙丙句也。故乙丙爲中率。亦以中率自乘之積同於首末率相乘之積。而因積以得邊也。明此則四率連比例求中率法可知矣。如有甲乙綫一寸爲首率。乙戊綫八寸爲四率。求次率乙癸三率乙庚綫度當依上法作首率甲乙綫一寸與三率乙庚綫相連爲一甲庚綫因未知乙庚綫度姑引長之至丙爲甲丙綫以待截取庚點又於乙處作四率乙戊垂綫與甲乙綫相遇成正方角與次率乙癸綫相連爲一戊癸綫因未知乙癸度姑引長之至丁爲戊丁綫以待截取癸點截法有二一法用紙作二矩尺一爲已庚辛 已 庚 辛 一爲壬癸子 壬 癸 子  二尺以一股相疊合而爲一已庚股與癸子股相疊無毫釐之差成壬癸庚辛四方缺一邊形 壬 癸 辛 庚 以癸角跨次率引長之丁乙綫上以庚角跨三率引長之乙丙綫上而視其壬癸股必須切首率甲乙綫之甲庚辛股必須切四率乙戊綫之戊乃

爲定。否則伸縮再疊。以求切合。乃自乙截至庚角。庚點卽得三率乙庚之度。又自乙截至癸角。癸點卽得次率乙癸度矣。此與三率法以首末率求中率理同。

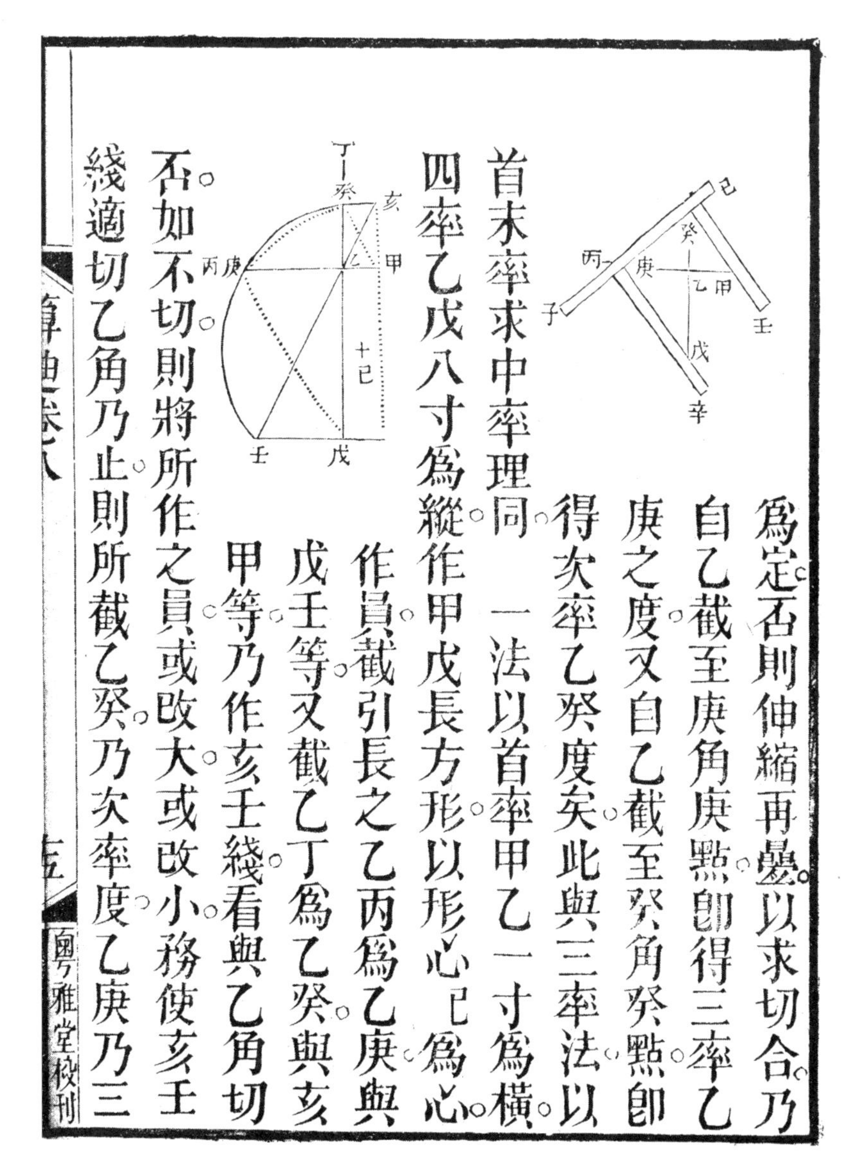

一法以首率甲乙一寸爲橫。四率乙戊八寸爲縱。作甲戊長方形。以形心己爲心。作員。截引長之乙丙爲乙庚。與戊壬等。又截乙丁爲乙癸。與亥甲等。乃作亥壬綫。看與乙角切否。如不切。則將所作之員。或改大。或改小。務使亥壬綫適切乙角乃止。則所截乙癸。乃次率度。乙庚乃三率度試作甲癸癸庚庚戊三綫卽如兩矩相疊明此則有首率與四率之度卽可求次率之度矣今分體綫以一寸爲首率二寸爲四率依法求得第二率度必爲一寸二分五釐零何則四率連比例法如首率邊一次率倍首率爲二三率則倍次率爲四四率則倍三率爲八也而首率邊一寸自乘再乘得積一寸與次率邊二寸自乘再乘得積八寸之比例同於首率邊一寸與四率邊八寸之比例蓋均爲一比八也是首率之邊比四率之邊卽同首率之積比次率之積也夫首率邊一比四率邊八既同於首率積一比次率積八然則首率邊一比四率邊二卽同於首率積一比次率積二可知矣四

率邊二視首率邊一爲加一倍則次率之積亦視首率之積必加一倍而爲二可知矣次率之積八寸者其邊爲二寸則次率之積二寸者其邊爲一寸二分五釐零可知矣於是取首率所畫子丑之邊度寸一截分體綫自樞心起截如甲庚又取四率午未寸二之邊度截如甲巽又取次率寅卯邊度一寸二分五釐零截如甲辰於是又取首率子丑邊度三因之得三寸爲四率仍以子丑爲首率如上法求得第二率度截如甲乾爲立方積三寸之邊照此屢倍子丑率爲四率與首率子丑相求可也

用法一 以積求根 如有立方積四萬尺求其根 法取尺一點

以一寸當十尺爲底。一點積一千尺。十尺其根也。自乘得一百尺。再乘得一千尺。定尺。次取四十點。一點千尺。十點萬尺。四十點則四萬尺也。而量其底得三寸四分強。升爲三十四尺強。即立方之根。

用法二。加積求根。如立方積八寸。其根二寸。求作加八倍之體爲六十四寸。問根。

法取尺之點。以二寸爲底定尺。次取八點。而量其底。得四寸。合問。

用法三。兩積相較。如有大小二體。不知積。而欲求其較。較大小之差也。法取尺一點。以小體之邊爲底定尺。次以大邊爲底。於尺上比取其距之恰合者。如所得爲九點。即其較爲九與一。命之曰小體得大體九分之一。

用法四。并積求根。如有甲乙丙三正方體。甲形每邊二寸。其積數之比例。甲為一分。乙為三分。丙為四分。今欲作一大正方體與甲乙丙三正方體之積等。問其邊若干。法取第一點。當甲一分。以甲邊二寸為底。定尺。乃併三體積共八分。卽取第八點之底。量得四寸。如所求。

用法五 減積求根。如有大小兩四等面體。圖見更體綫篇首。小體每邊一寸。大體每邊三寸。今將兩體積相減。取其餘積作同式四面體。問其邊若干。法取尺第一點。以小邊一寸為底。定尺。次以大邊三寸為底。於尺上尋至二十七點之距。恰合卽大形與小形之比例為二十七與一。相減餘二十六為較積。卽取第二十六點之距量得二寸九分六釐。如所求。蓋平三角形大小之比

例與平方形大小之比例同。詳分面綫用法四。則立三角形大小之比例亦必同於立方形之比例矣

用法六。加積求根。如有八等面體圖見更體綫篇首。每邊一尺欲四倍其積作同式八等面體問每邊若干　法取尺第一點以一寸當邊一尺。為底定尺次取第四點而量其底得一寸五分九釐即一尺五寸九分如所求也。

用法七。員積求徑。如有員球徑三尺欲取其積五分之二作同式圓球體問徑若干　法取尺第五點當五分。以三寸當徑三尺為底定尺次取二點而量其底得二寸二分一釐即二尺二寸一分如所求

用法八。四率連比例求中二率。如有四率相連比例數一率八尺四

率二十七尺。求二率三率各若干。　法取尺第八點。以八分為底。定尺亦取第二十七點。而量其底。得一寸二分。即一十二尺。為第二率。蓋連比例四率。其首率所作立方體。與二率所作立方體之比例。同於一率與四率之比例。（詳本篇首。）今首率為八尺。四率為二十七尺。則一率所作正方體。（八尺自乘再乘得積五百一十二尺。）與二率所作正方體。（十二尺自乘再乘得積一千七百二十八尺。）之比例。即八與二十七之比例。（皆為一比三三七五。）故以八分相距之度為一率之數。則二十七分相距之度。必為二率之數可知矣。既得二率十二尺。可照平分綫用法十。求得三率十六尺。

用法九。以邊求重法。如有銀正方體每邊二寸。問重若干。法取尺第九點。銀正方一寸之定率爲九兩。故用九點。以一寸爲底定尺次以二寸爲底於弦上比至七十二點之距恰合得重七十二兩也。

用法十。以徑求重。如有大銅球體徑二寸。重三十一兩四錢一分。今有大銅球體徑一寸二分問重若干。法取尺三十一點四一。以二寸爲底定尺次以一寸二分爲底於尺上比至第六點七分零之距恰合卽六兩七錢零如所求。

一作更體綫。更改也。謂改此體爲彼體也。如改方體作球體之類。

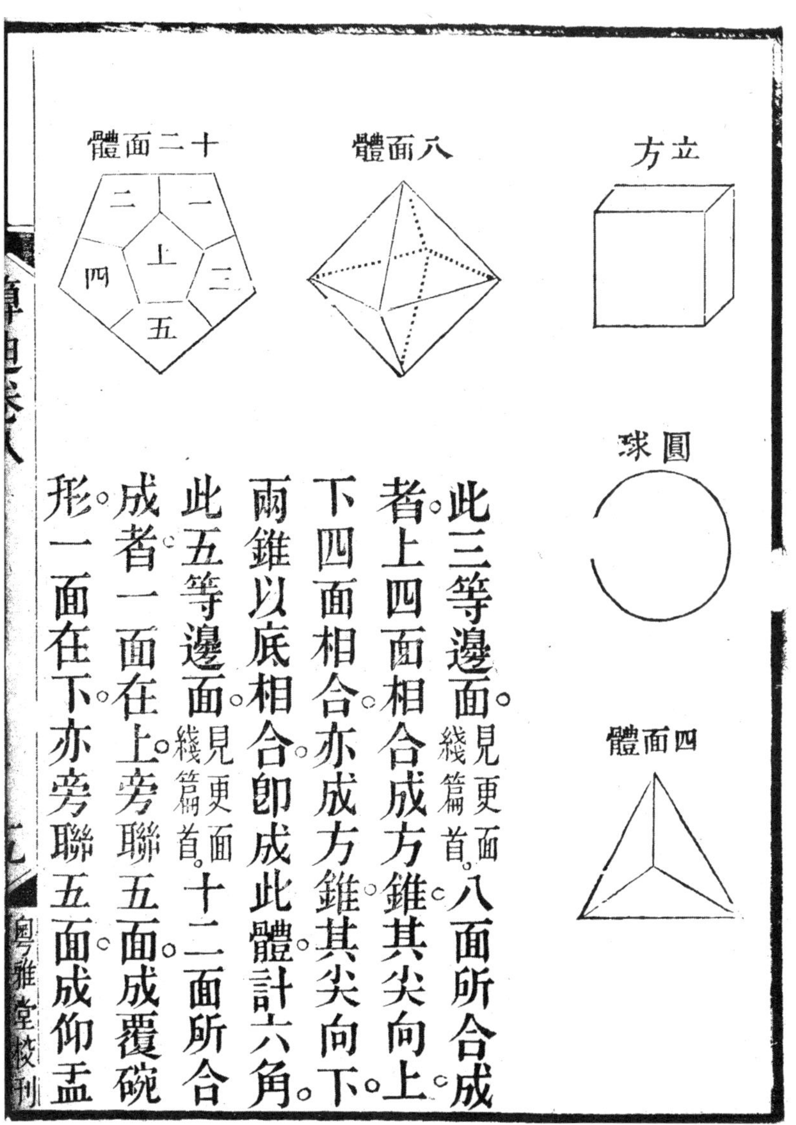

此三等邊面。見更面綫篇首。八面所合成者。上四面相合成方錐。其尖向上。下四面相合。亦成方錐。其尖向下。兩錐以底相合。卽成此體。計六角。此五等邊面。見更面綫篇首。十二面所合成者。一面在上。旁聯五面。成覆碗形。一面在下。亦旁聯五面成仰盂形。二形相合。即成此體。計二十角。此三等邊面二十面所合成者。上層甲乙丙丁戊五面。丁戊二面爲甲乙丙所掩攢合如蓋。下層己庚辛壬癸五面。辛壬癸三面爲己庚所掩。攢合如底中層十面旁羅上中下相合。即成此體。計十二角。

二十面體

凡諸體積等者。其邊各異。故積一千寸者。立方每邊一尺。球徑一尺二寸四分零七毫零一四面體邊二尺零三分九釐六毫四八九八面體邊一尺二寸八分四釐九毫十二面體邊五寸零七釐二毫二二〇七二十面體邊七寸七分一〇二五三四。如邊等則積各異。詳邊一尺則方積一千寸員積五百二十三寸五九八七七五。四面體積一百一十七寸八五一一二九。八面體積四百七十一寸四○四五二一。十二面體積七千六百六十三寸一分一八九三。二十面體積二千一百八十一寸六九五。當知。作甲乙甲丙二綫。將各體邊度數紀點綫上作號誌之。如下圖。

用法一。他形更方。等積求根。如有球體二寸。欲改等積方體。問每邊若干。法取員號點。以邊二寸為底定尺。次取方號

點之底。得一寸六分二釐。如所求。

用法二。方更他形。等積求根。如有二十面體積一萬七千四百五十五尺。問每邊若干。　法先取等積之立方形。以爲倒用分體綫第一點爲弦。以一寸當十尺爲底。自乘再乘得一千尺。與積數相較。其比例爲一與十七四五五。即取分體綫第十七點四五五而量其底。得二寸五分九釐。即二十五尺九寸。爲正方體之邊。乃取更體綫方號點。以邊二寸五分九釐爲底。定尺。次取二十面號點之底。得二寸。即二十尺。如所求。

用法三。三形相更。併積求根。如有四面體每邊三寸。又有八面體每邊四寸。欲併作一方體。問每邊若干。　法取四面號點以三寸爲底定尺次取方號點之底得一寸四分六釐爲方體邊又取八面號點以四寸爲底定尺次取方號點之底得三寸一分一釐爲方體邊乃將兩方體依分體用法三求得其比例爲一與九五併得十零五卽取分體綫十點零五之底得三寸二分如所求

用法四（三形相更減積求根）如有方體每邊二尺又有球體徑亦二尺今將兩體積相減用其餘積作十二面體問其邊若干　法取方號點以二寸爲底（當邊二尺）定尺次取十二面號點之底得一寸零一釐四毫（當一尺零一分四釐）爲十二面體邊又取員號點以二寸爲底（當徑二尺）定尺次取

十二號點之底得八分一釐七毫當八寸一分七釐。爲十二面體邊乃將兩十二面體倣分體用法五求得較積九分。卽取分體綫第九點量其底得七分九釐當七寸九分。如所求。

一作五金綫

赤金重十六兩八錢。其積一千分。開方得根一寸。

水銀與金等重。亦十六兩八錢也。下倣此。其積一千三百六十八分零七十八釐一百七十五毫開方得根一寸一分一釐零。若根與金等。亦一寸也。則其重爲十二兩二錢八分。以積一三六八零除一六八八得之。下倣此。

黑鉛與金等重其積一千六百九十一分八百四十

二釐九百毫開方得根一寸一分九釐一毫若根與金等則其重爲九兩九錢三分。倭鉛根一寸止重六兩。

銀與金等重其積一千八百六十六分六百六十六釐六百六十六毫開方得根一寸二分三釐一毫若根與金等則其重爲九兩

紅銅與金等重其積二千二百四十分。開方得根一寸三分零八毫若根與金等則其重爲七兩五錢白銅則重六兩九錢八分黃銅則重六兩八錢。

生鐵與金同重其積二千五百零七分四百六十二釐八百八十六毫開方得根一寸三分五釐八毫若根與金等則其重爲六兩七錢熟鐵與鋼並重六兩七錢三分。

高錫與金同重。其積二千六百六十六分六百六十六釐六百六十六毫。開方得根一寸三分八釐六毫。若根與金等。則其重爲六兩三錢。低錫則重七兩六錢。水與金同重。其積一萬八千零六十四分五百釐強。開方得根二寸六分二釐三毫強。若根與金等則其重爲九錢三分。

作甲乙甲丙二綫。將各根數紀於綫上。

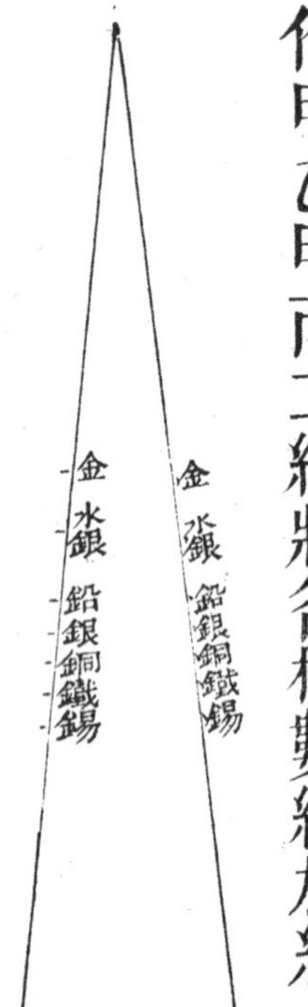

用法一。同形同重求異根。如有金球徑二尺。欲作同重之銀球。問

徑若干。法取金號點以二寸當二尺爲底定尺次取銀號點之底得二寸四分六釐。卽二尺四寸六分。如所求

用法二。異形同重求異根。如有金方體每邊一寸重十六兩八錢今作銀八面體與之同重問每邊若干。法先以更體綫取方號點以一寸爲底定尺次取八面號點之底得一寸二分八釐零爲與金方體等重之金八面體每邊數。乃取五金綫金號點以每邊一寸二分八釐爲底定尺次取銀號點之底得一寸五分八釐零。如所求

用法三。異形異重求異根。如有銅正方體每邊二寸重六十兩。今

有鉛一百兩欲作球體。問徑若干。　法先取分體綫六十點。當六十兩。以每邊二寸爲底定尺。次取分體綫一百點。當一百兩。之底得二寸三分七釐爲重百兩銅正方體之邊。又取更體綫方號點。以邊二寸三分七釐爲底定尺。次取球號點之底。得二寸九分四釐爲重百兩之銅球徑。復取五金綫銅號點。以徑二寸九分四釐爲底定尺。次取鉛號點之底。得二寸六分八釐。如所求。

用法四。同形同根求異重。　如有銀體方一寸。重九兩。問銅體方一寸。重若干。　法取銀號點。以一寸爲底定尺。次取銅號點之底。得一寸零五釐二毫。爲重九兩之銅邊。乃取分體綫九十點。以一寸零五釐二一毫爲底定尺。次取一寸爲底於綫上比至七十五分之距恰合即七兩五錢爲銅正方一寸重數。

用法五異形同根求異重。如有銀正方體每邊二寸重七十二兩。今欲作一銅二十面體。其邊與方邊等。問重若干。

法先取更體綫方號點。以二寸爲底定尺。次取二十面號點之底得一寸五分四釐零爲銀二十面體之邊。乃取五金綫銀號點以一寸五分四釐爲底定尺。次取銅號點之底得一寸六分三釐零爲銅二十面體之邊。復取分體綫第七十二點。當七十二兩。以邊一寸六分三釐爲底定尺。乃以二寸爲底今銅體邊也。於分體

綫上比至一百三十點零之距恰合即一百三十兩零如所求

按篇首各條與金同重云云乃同重異積也若根與金等云云乃同積（根同則積同）異重也兩者相反而可相求蓋同積而求重輕之差則金最重而他色輕若同重而求體積之差則金最少而他色多雖相反而比例等如金與銅其體積之比例爲一千與二千二百四十若重相同（皆十六兩八錢）則銅積多而金積少銅比金爲二千二百四十之比一千若積相同（皆二千二百四十或皆一千）則金重而銅輕金比銅亦爲二千二百四十之比一千也（金積一千分則重十六兩八錢若積二千二百四十分則重三十七兩六錢三分二釐法

爲一比一六八。若二二四比三七六三二。又爲一比二二四。若一六八比三七六三二。蓋二三之率可互更也。然則三七六三二之比一六八。卽二二四之比一明矣。若同積一千分。則銅重七兩五錢。與積二千二百四十分。則重十六兩八錢相較。法爲一比七五。若二二四比一六八。又爲一比二二四。若七五比一六八。則一六八之比七五。卽二二四之比一。亦明矣。

又按金一十六兩八錢。銅七兩五錢本重率也。而可反用之爲積率。蓋同積異重可變爲同重異積也。其法卽以金重一十六兩八錢改爲銅積一千六百八十分。又以銅重七兩五錢改爲金積七百五十分。何則銅積一千分而重七兩五錢。則積一千六百八十分必重一十二兩五錢矣以一六八乘七五得之。金積一千分而重十六兩八錢。則積七百五十分。亦必重一十二兩五錢矣。以七五乘一七五得之。故爲同重異積也。以二者皆一六八乘一六八乘也。

旣有同積異重同重異積之分。卽可用其率補作兩尺與前尺爲三。蓋前項尺乃同重異根之比例也。今再作同積異重及同重異積二比例尺如左。

一補作同積異重比例尺

金十六兩八錢。於一尺六寸八分記點。

水銀十二兩二錢八分。於一尺二寸二分八釐記點。

黑鉛九兩九錢三分。於九寸九分三釐記點。

銀九兩。於九寸記點。

紅銅七兩五錢。於七寸五分記點。

生鐵六兩七錢於六寸七分記點。

高錫六兩三錢於六寸三分記點。

水九錢三分於九分三釐記點。

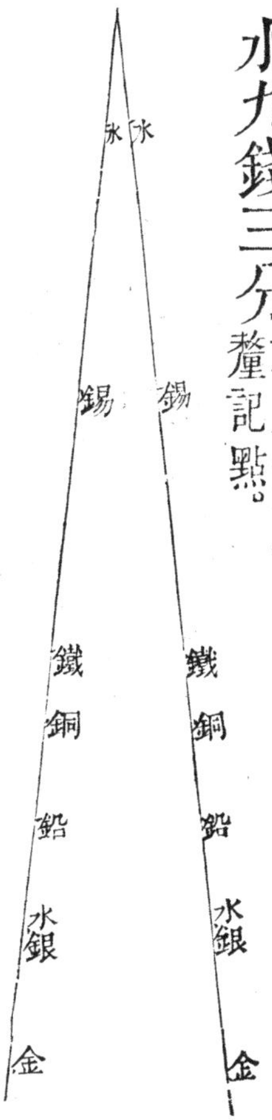

用法一。同積求異重。如有金不知重。亦不知積。以水盛器中。令滿。權其重。乃將金入水中。則水溢出。俟溢定。乃出金。再權其水。減三兩七錢二分。問金重若干。　曰此同積求異重也。蓋金入而水出。所出之數。必如其所入之數。是體積同也。惟水輕而金重不同耳。法以所減三兩七錢二分。變作三分七釐二毫。爲水點九分三釐之底。定尺。而取金點一尺六寸八分之底。得六寸七分二釐。變爲六十七兩二錢。卽金重也。所以然者。以一率水重九錢三分。除次率水重三兩七錢二分。得四个九錢三分。每一个九錢三分。得積一千分。則得四个九錢三分。卽如得四个一千分也。金率每積一千分。重十六兩八錢。故以四个一千分。乘三率十六兩八錢。而得六十七兩二錢。卽四个十六兩八錢也。

一補作同重異積比例尺上尺反其率。卽爲此尺。如上條水重。九錢三分。金重十六兩八錢。是水重一兩。金卽重一十八兩零六分四釐五毫強也。故反上條之水一兩。卽爲此條之金一千分。反上條之金重十八兩〇六四五強。卽爲此條之水積一萬八千零六四五強也。

金一千分。於一寸記點

水銀一千三百六十八分一釐弱。於一寸三分七釐弱記點。

黑鉛一千六百九十一分八釐強。於一寸六分九釐強記點。

銀一千八百六十六分七釐弱。於一寸八分七釐弱記點。

紅銅二千二百四十分。於二寸二分四釐記點。

生鐵二千五百零七分四釐強。於二寸五分一釐弱記點。

高錫二千六百六十六分七釐弱。於二寸六分七釐弱記點。

水一萬八千零六十四分五釐強。於一尺八寸零六釐強記點。

金 金
水銀 水銀
鉛 銀 銀
銅 鐵 鐵
錫
水 水

用法一同重求異積。如有水重一十六兩八錢，盛器中滿十分。若去水而置同重之水銀於此器，問差幾分乃滿。法以一尺當十分爲水點一尺八寸六釐強。之底定尺，而取水銀點一寸三分七釐弱。之底，得七分零，以減一尺，餘九寸三分弱，即不滿分數也。

用法二同重求異積。如銀與鐵同重九兩，問各根。法以一寸六分八釐當十六兩八錢爲銀點一寸八分七釐弱。之底蓋重一十六兩八錢。則積一千八百六十六分七釐弱也。定尺，而以九分當九兩爲底，於尺上比至一千分之距恰合，是銀重九兩之積也。又以一寸六分八釐當十六兩八錢爲鐵點二寸五分一釐弱之底定尺，而以九分當九兩爲底於尺上比至一千三百四十三分二釐五毫之距恰合是鐵重九兩之積也兩者之積既得則可用分體綫以求其根矣得此法則前項同重異根之尺即不作亦得矣

用法三同積求異重　如有金不知重亦不知積以水盛器中令滿權其重乃入金水中即水溢出俟溢定乃出金再權其水減三兩七錢二分問金重若干此問與上尺用法一所問無異　法以所減水重三兩七錢二分變作三分七釐二毫爲金點一寸之底而取水點一尺八寸零六釐強之底得六寸七分二釐變爲六十七兩二錢即金重數所以然者上項尺金一六八之比水九三與此尺水一八零六強之比金一同故此尺反用其率即同彼尺法也

一作分員綫員謂平員，綫謂弧度之通弦。

作甲乙甲丙二綫各分一百八十度。

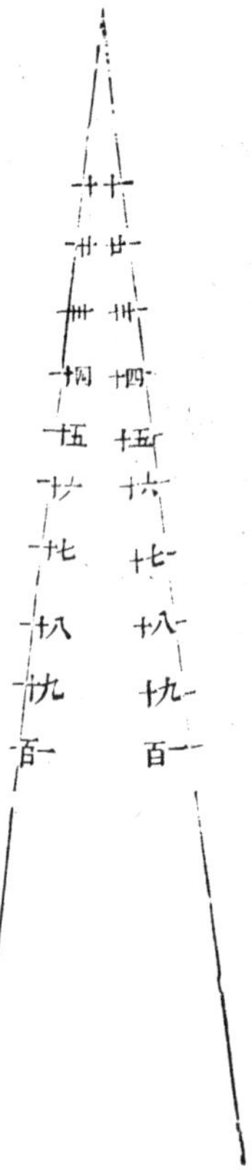

分法：別取紙一張，於邊作一綫，長如尺之甲乙，折半於末，以末爲心，以甲乙爲界，運規畫半員，勻分一百八十度。復以甲爲員心，依各度下圖角甲九甲等度運規至紙邊綫上記點識號每十度識一號。如下圖，乃照紙綫所誌點度號數移於尺之兩綫上，即成分員綫。一法：檢正弦表倍之，即得。如半度之正弦八釐七毫二絲六忽，倍之即爲一度之通弦一分七釐四毫五絲三忽又倍一度之正弦即爲二度之通弦三分四釐九毫。又倍九十度之正弦一尺即爲一百八十度通弦三尺也。

尺小但作九十度亦可

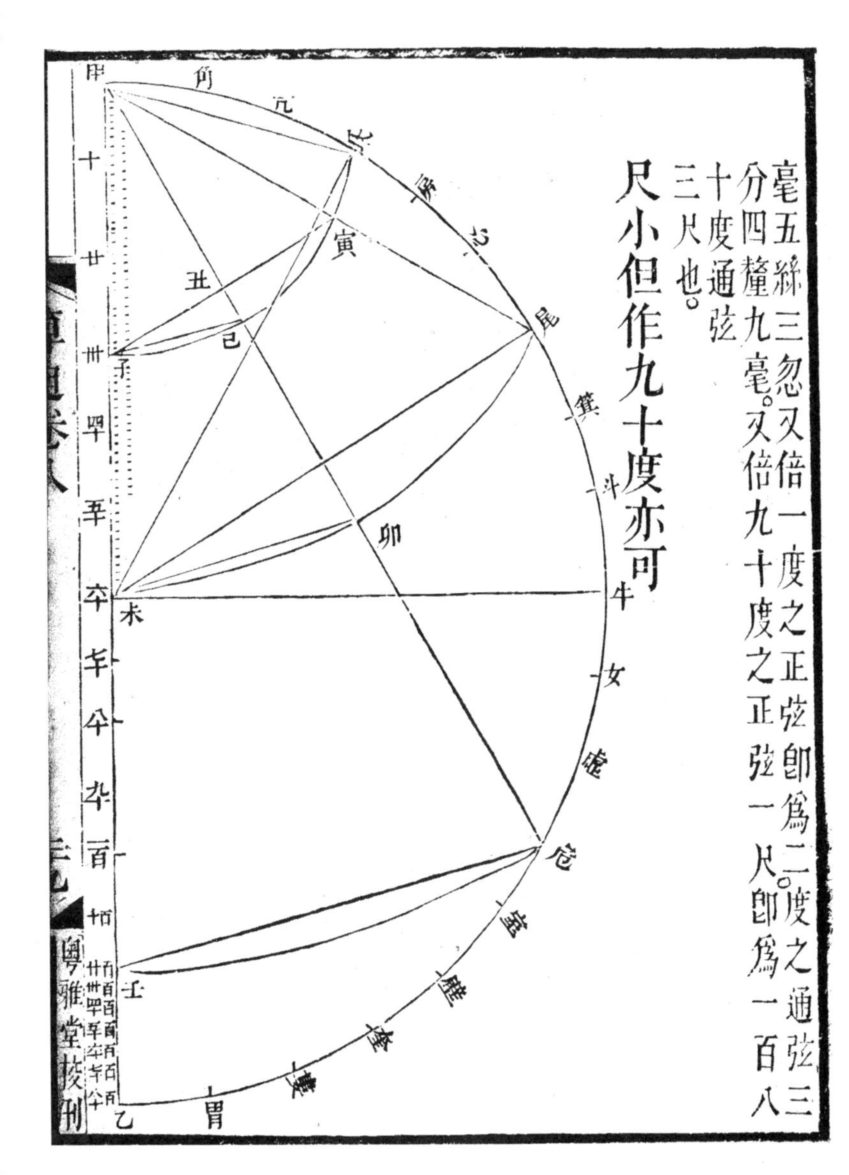

右甲乙綫上所紀之度即各弧之通弦何則甲寅尾直綫即甲氐尾六十度弧通弦而運尾卯未規移其度爲甲未則甲未等甲尾亦六十度弧通弦矣甲氐直綫爲甲氐三十度弧通弦而運氐已子規移其度爲甲子則甲子亦三十度通弦矣甲危爲一百二十度通弦而運危壬規移其度爲甲壬則甲壬亦一百二十度通弦矣餘倣此

通弦之與半徑等者惟六十度如上圖甲未尾未皆半徑也並同甲尾成甲尾未等邊三角形觀割員員容六角圖自明

六十度之通弦可例各度之通弦大則俱大小則俱

小也。半徑既等六十度之通弦。故用半徑。卽如用六十度通弦。法所以於尺取六十度。而以半徑當通弦爲底。如下用法也。

用法

一。徑弧求通弦。如下圖甲未半徑一尺。問氐甲三十度之通弦若干。法曰。氐甲通弦。卽寅子。則求寅子。卽如求氐甲矣。何則。氐甲寅甲甲子。皆甲心子界所作員之半徑。而寅子甲三角形又等邊。則子寅固等氐甲也。法取尺六十度。甲未甲尾以半徑一尺。尾未卽甲未。爲底。定尺。次取尺三十度。甲寅甲子。而量其底。寅子。得五寸一分八釐弱。爲三十度之通弦。法爲以甲未一尺比未尾一尺。若甲子五寸一分八釐弱。比子寅五寸一分八釐弱。即無異尾甲即甲未。比尾甲。即尾未。若氏甲即甲子。比氏甲也。　又如以甲子五寸一分八釐弱爲半徑運氏寅已子規作小員。問已子三十度弧通弦若干。法取尺六十度甲卯甲未。以半徑五寸一分八釐弱爲底。卯未即甲子。以卯未等氏甲。氏甲即甲子也。詳上法曰。定尺次取尺三十度甲已甲子。而量其底已子。得二寸六分八釐弱如所求法爲大員半徑甲未。六十度通弦即半徑甲未。一尺比大員三十度通弦卯未。五寸一分八釐弱。若小員半徑甲子。六十度通弦即半徑甲子。甲子在大員爲三十度通弦。而在小員爲六十度通弦。五寸一分八釐弱比小員三十度通弦已子。二寸六分八釐弱也。　又如員徑六寸內容五等邊形。問每邊若干。　按此即如問七十二度之通弦耳。五歸員周三百六十度得此數法照前。

用法二。徑通弦求弧。如有員半徑六寸乙丙通弦三寸問乙丙弧度若干。　法取尺六十度以半徑六寸爲底定尺。次以三寸爲底於尺上比至二十九度弱之距恰合。如所求。　又如有甲乙丙三角形問乙角之度若干。　法以乙爲心。任以丁爲界作丁戊弧。則乙丁乙戊皆半徑。丁已戊爲乙角弧度之通弦。乃取尺六十度以乙丁半徑爲底定尺。次取丁已戊通弦爲底於尺上比至三

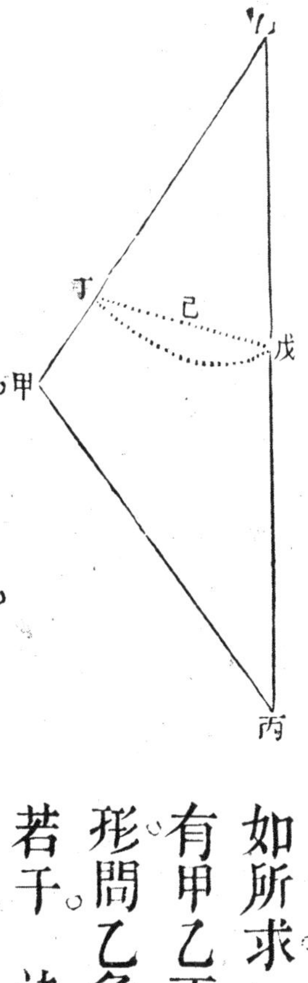

乙
丁
己
戊
甲
丙

十度之距恰合如所求

用法三。求弧通弦求半徑。如乙丙弧三十一度。其通弦一寸零七釐問半徑若干。法取弦三十一度以一寸零七釐爲底定尺次取六十度之底量得二寸如所求

一作正弦綫

作甲乙甲丙二綫依正弦表分之自一度起至九十度止各作點誌之。九十度正弦同半徑故止此。自八十度至九十度其度甚微難分。可隔一度作一點或隔五度作一點。按此可借分員綫用之如下用法亦得

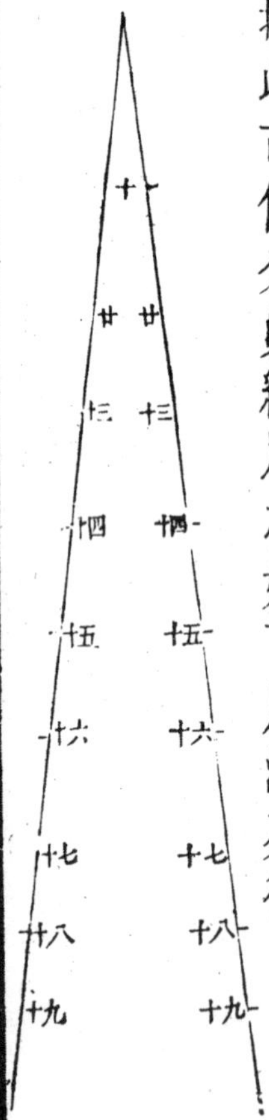

用法一。徑弧求正弦。如有員半徑五寸一分七氂，問三十度弧之正弦若干。法取尺九十度（同半徑也），以半徑五寸一分七氂爲底定尺，次取尺三十度而量其底，得二寸五分八氂五毫，爲三十度之正弦。以九十度正弦例各度正弦，猶以六十度通弦例各度通弦，其理一也。若用分員綫代之，則取分員綫六十度，以半徑五寸一分七氂爲底定尺，次倍三十度爲六十度，即取分員綫六十度而量其底，得五寸一七，爲六十度之通弦，折半得三十度正弦。又如句股形弦二丈（即半徑也），對句之角三十度，求句（句即正弦）求股。（股即餘弦）法點上條（以二寸當二丈），求得正弦爲句。既得句，即可得股。蓋股爲三十度之餘弦，即六十度之正弦也。取六十度之底，得一寸七分三氂二毫。陞位得股一丈七尺三寸二分。又如於平儀作

算迪卷八

各節氣日道綫問其法若何。　法作一圓以中徑乙甲乙爲赤道取半徑甲乙爲九十度之底定尺次取二分距二至之緯二十三度半而量其底。底即正弦此有半徑有弧而求弧之正弦也得度記點甲之左右於點作丙丙戊戊二綫。並與赤道平行爲二至日道。赤道春秋分日行道也丙丙夏至行道也戊戊冬至行道也。次求餘節氣日行道作丙甲戊斜綫爲黃道圈之全徑半之爲丙甲半徑與所載黃道圈一象限九十度相應。黃道圈象限。正跨丙甲。因平面不能繪立形。以丙未午寅眠弧代之雖眠實立。甲上戴寅。寅下臨甲。從上視之如一點也。即九十度之正弦也於是以甲丙半徑爲九十度弧。丙寅之底定尺次取十五度卯寅之底。卯卯金底正弦也。下倣此。三十度辰寅之底辰木。四十五度巳寅

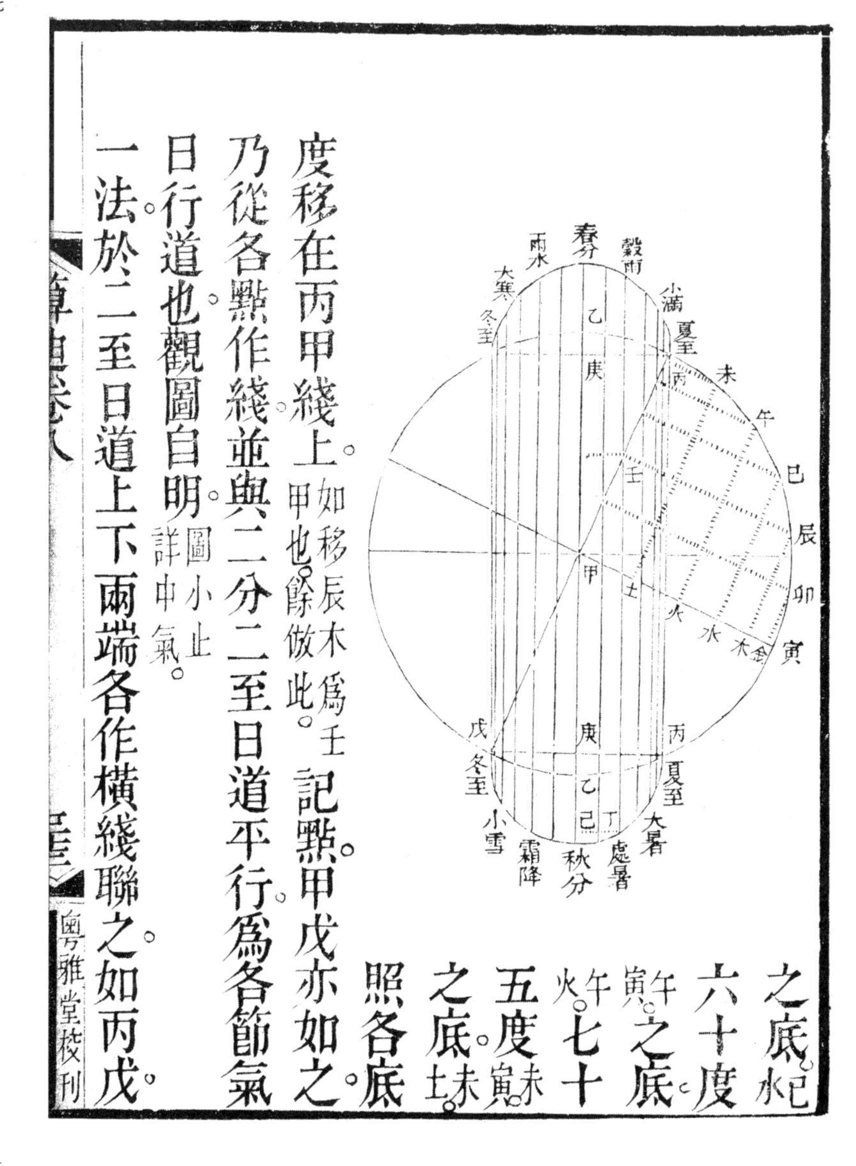

之底。巳水六十度午寅之底。午火。七十五度未寅之底。未土照各底度移在丙甲綫上。如移辰木爲壬甲也。餘倣此。記點甲戊亦如之。乃從各點作綫並與二分二至日道平行爲各節氣日行道也。觀圖自明。圖小止詳中氣。一法於二至日道上下兩端各作横綫聯之。如丙戊

粤雅堂校刊

半之於庚爲分至距二十三度半之正弦以之爲半徑運規作員半在大員之上半在大員之下兩半員各勻分爲十二分每分十五度記點上下相向作直綫聯之卽與前法所作各日道綫合而爲一（勻分法用分員綫以半徑丙庚爲分員綫六十度之底定尺而取十五度三十度四十五度六十度七十五度各通弦卽得）

按二法之所以同者蓋弦與弦之比同於句與句之比也（丙甲半徑如弦丙庚半徑如句丙甲之比壬甲若丙庚之比壬辛壬辛卽巳丁也餘倣此）

又如於上圖各節氣日行綫上再作綫分時刻問其法若何

法取上圖二分綫乙乙折半於甲爲半徑以爲九十度之底定尺次取十五度三十度四十五度六十度七十五度各底於甲心上下作點誌

之。即春秋分之二十四時刻也。

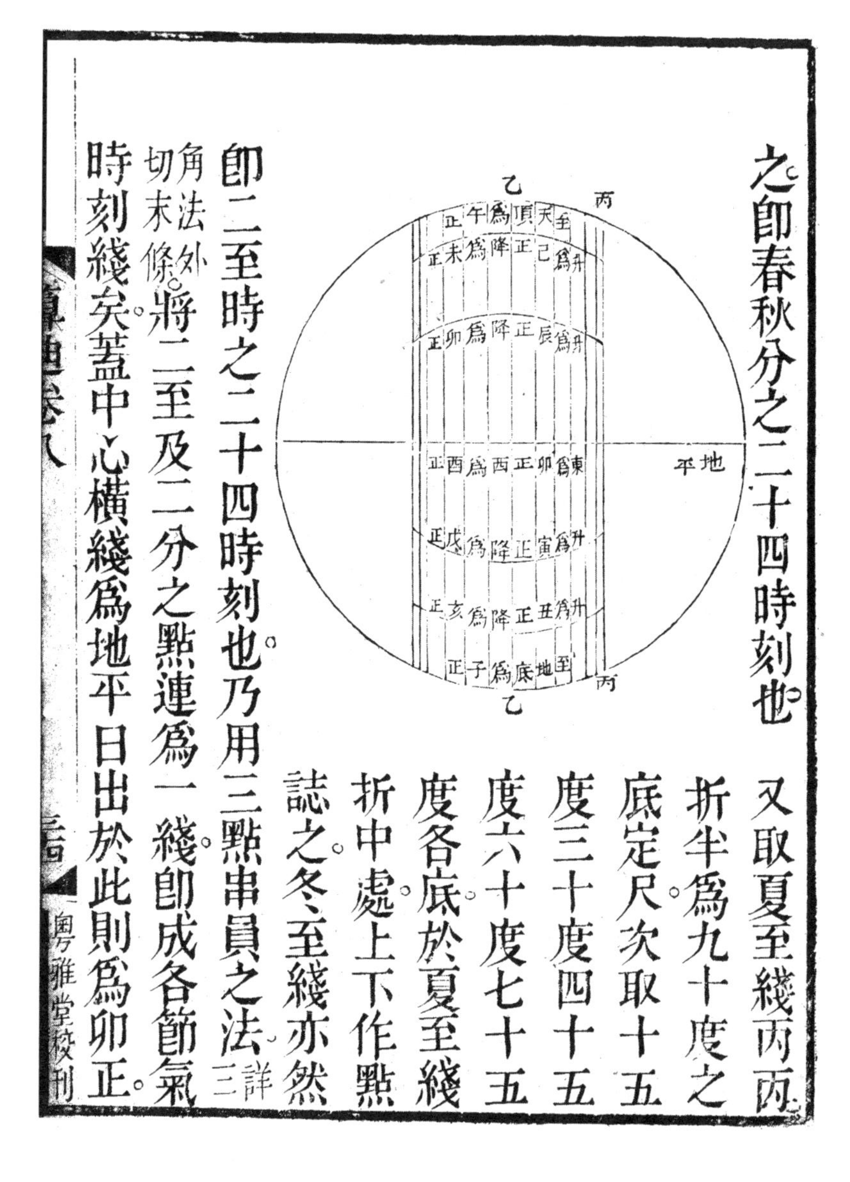

又取夏至綫丙丙。折半爲九十度之底。定尺次取十五度三十度四十五度六十度七十五度各底於夏至綫折中處上下作點誌之。冬至綫亦然即二至時之二十四時刻也。乃用三點串員之法詳三角法外切末條。將二至及二分之點連爲一綫。即成各節氣時刻綫矣。蓋中心橫綫爲地平。日出於此則爲卯正。

算迪卷八　　粤雅堂校刊

上十五度則爲辰初。又上十五度爲辰正。又上十五度爲巳初。又上十五度爲巳正。又上十五度爲午初。又上十五度至天頂。爲午正。乃西下十五度爲未初。又下十五度爲未正。又下十五度爲申初。又下十五度爲申正。又下十五度爲酉初。又下十五度爲酉正。乃入地。下十五度爲戌初。又下十五度爲戌正。又下十五度爲亥初。又下十五度爲亥正。又下十五度爲子初。又下十五度至地底。爲子正。復東上十五度爲丑初。又上十五度爲丑正。又上十五度爲寅初。又上十五度爲寅正。又上十五度爲卯初也圖小止繪正刻。

用法二。徑正弦求弧。如甲乙半徑二寸。乙丁正弦一寸零六釐。問乙丙弧度若干。　法取尺九十點以二寸爲底定尺。次取一寸零六釐爲底於尺上比至三十二點之距恰合。知乙丙弧爲三十二度。若用分員綫代之則取六十點以二寸爲底定尺。次取一寸零六釐。倍爲二寸一分二釐於尺上比得六十四點之距。恰合。折半如所求。

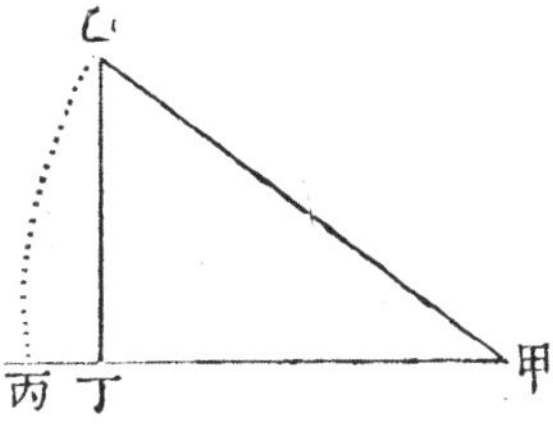

又如三角形有乙甲邊甲丙邊及丙角度而求乙角。　法依三角算法以丙角之對邊乙甲比丙角之正弦已丁。若乙角之對邊甲丙與乙角之正弦甲辛。檢正弦表得乙角。今不用求已丁正弦。竟用乙甲邊代之。法取丙角度以乙甲邊爲底定尺。次以甲丙邊爲底。於尺上比至某度點之距恰合。即爲乙角之度。何者。三邊之比例。同於三正弦之比例。故用邊即如用正弦也。詳三角算法。

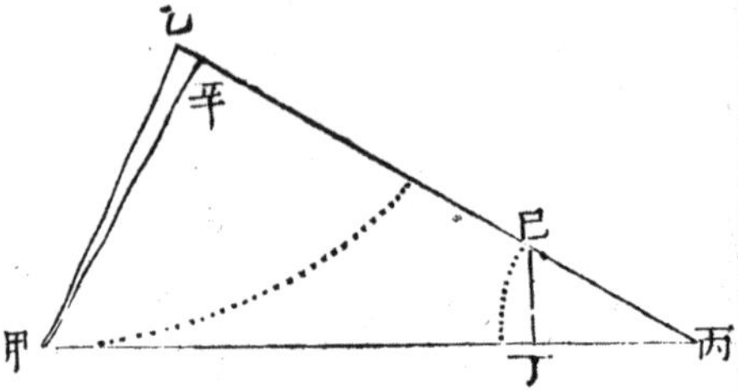

用法三。弧正弦求徑。如乙丙弧三十二度。乙丁正弦一寸零六釐。問甲乙半徑若干。　法取尺三十二點。以一寸零六釐爲底。定尺。次取九十點爲底。量得二寸。如所求。若用分員綫。則倍三十二爲六十四度。以一寸零六釐倍得通弦二寸一分二釐。乃取六十四點。以二寸一分二釐爲底定尺。次取六十點之距。量得二寸如所求。

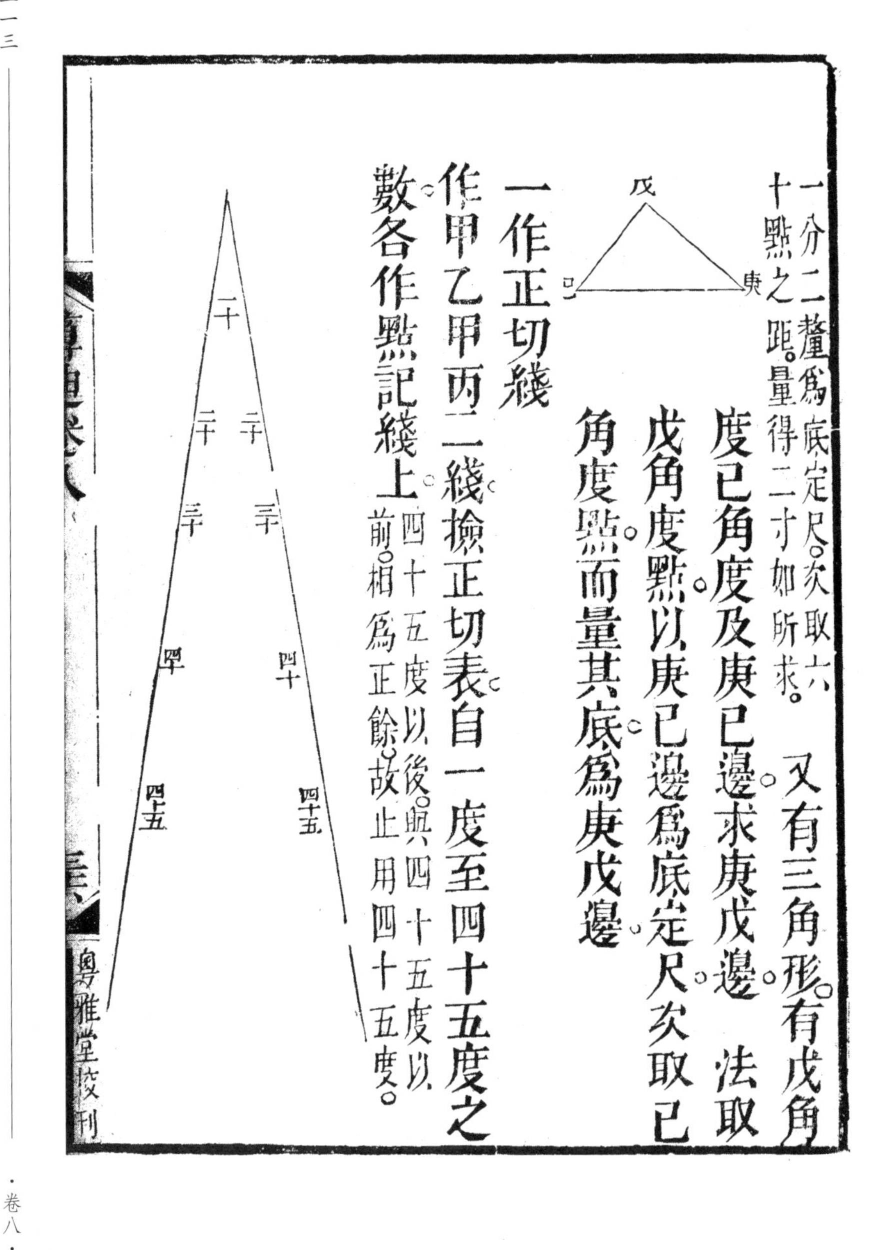

又有三角形。有戊角度己角度及庚己邊。求庚戊邊。　法取戊角度點。以庚己邊爲底定尺。次取己角度點。而量其底。爲庚戊邊。

一作正切綫

作甲乙甲丙二綫。撿正切表。自一度至四十五度之數各作點記綫上。四十五度以後。與四十五度以前。相爲正餘。故止用四十五度。

用法一。半徑弧求正切。如甲乙半徑六寸。乙丙弧三十五度。問丁乙切綫若干。法取四十五度。四十五度之正切與半徑同。以半徑六寸爲底定尺。次取三十五度而量其底。得四寸二分。如所求。

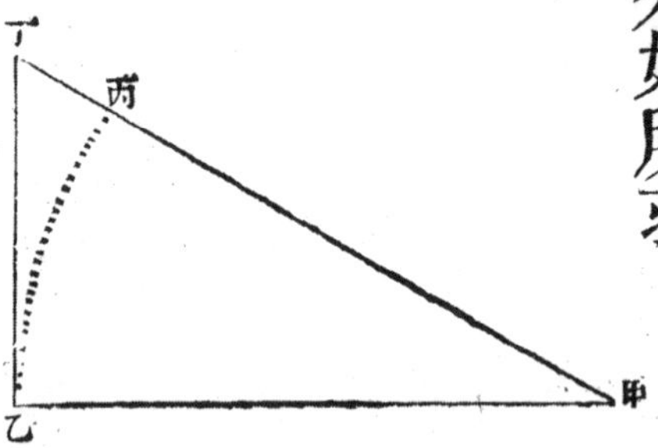

又如甲乙半徑六寸乙丙弧五十八度。問丁乙切綫

若干。過於四十五度者視此。　法以五十八度與九十度相減餘三十二度爲餘弧。乃取三十二度以半徑六寸爲底定尺。次取四十五度而量其底。得九寸六分。即丁乙切綫之數也。

用法二。半徑切綫求弧。　如甲乙半徑六寸。丙乙切綫四寸二分。問乙丁弧度若干。　法取四十五度以半徑六寸爲底定尺。次以切綫四寸二分爲底。於尺上比至三十五度之距。恰合。即乙丁弧爲三十五度也。　又如地平上立直表高四尺。日中影長三尺六寸零二釐。問日高若干度。　法取四十五度以四寸作表高四尺爲底定尺。次以三寸六分零二毫作影長三尺六寸零

二橦爲底。於尺上比至四十二度。恰合爲日距天頂癸。之度。以減象限九十度。餘四十八度爲日距地平壬。之高度也

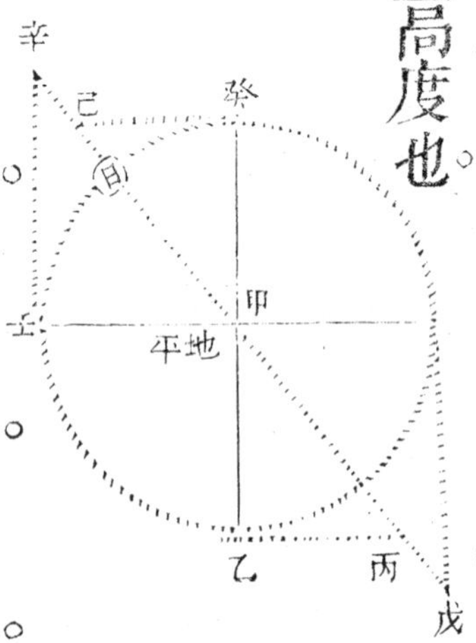

如圖甲乙表也。乙丙切綫日影也。與癸己同。癸己在四十二度爲正切。則在四十八度爲餘切矣。圈日也。癸天頂也。壬地平也

又如於牆壁上。壬卯安橫表長一尺。甲壬日中倒影之在牆上者長一尺五寸。丑壬問日高若干　法取四十五度。以表一尺爲底。定尺次以影一尺五寸爲底於

尺上比至五十六度十九分。恰合。即日高度也。

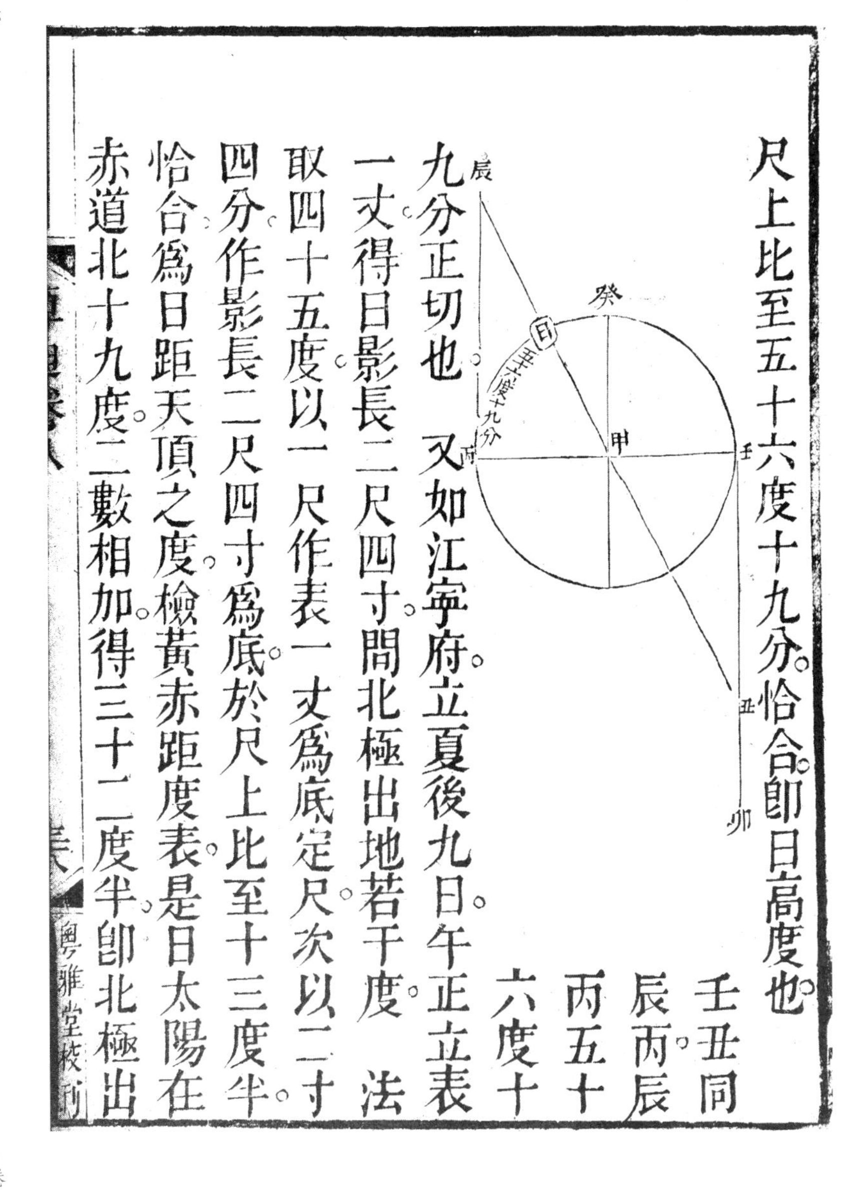

壬丑同辰丙。辰丙五十六度十九分正切也　又如江寧府立夏後九日。午正立表一丈。得日影長二尺四寸。問北極出地若干度　法取四十五度。以一尺作表一丈為底。定尺。次以二寸四分作影長二尺四寸為底。於尺上比至十三度半。恰合。為日距天頂之度。檢黃赤距度表。是日太陽在赤道北十九度。二數相加。得三十二度半。即北極出

粵雅堂校刊

算迪卷八

地度也。蓋北極至丙赤道一象限也。赤道在天頂南三十二度半，則北極必出地平上三十二度半矣。

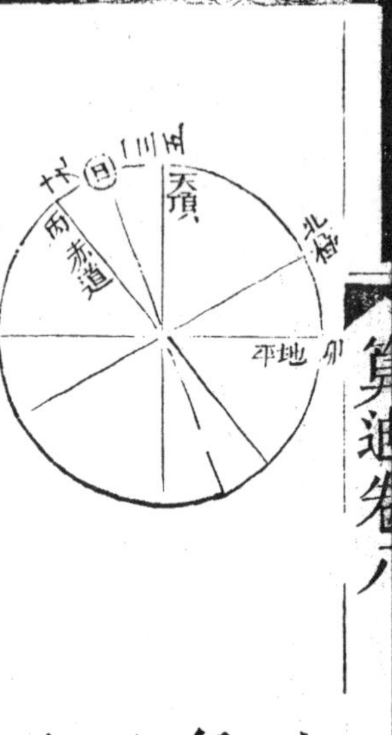

用法三　弧切綫求半徑。如甲乙弧三十五度，丙乙切綫一寸零五釐，問丁乙半徑若干。法取三十五度，以切綫一寸零五釐爲底定尺，次取四十五度而量其底，得一寸五分，如所求。

一作正割綫

作甲乙、甲丙二綫，檢正割綫表，自初度至七十度之數紀於綫上。初度割綫卽半徑。自初度至十度微細難分。可隔五度作一點。自七十度以上漸與切綫平行。其數甚大。
尺不能容。故止取七十度。

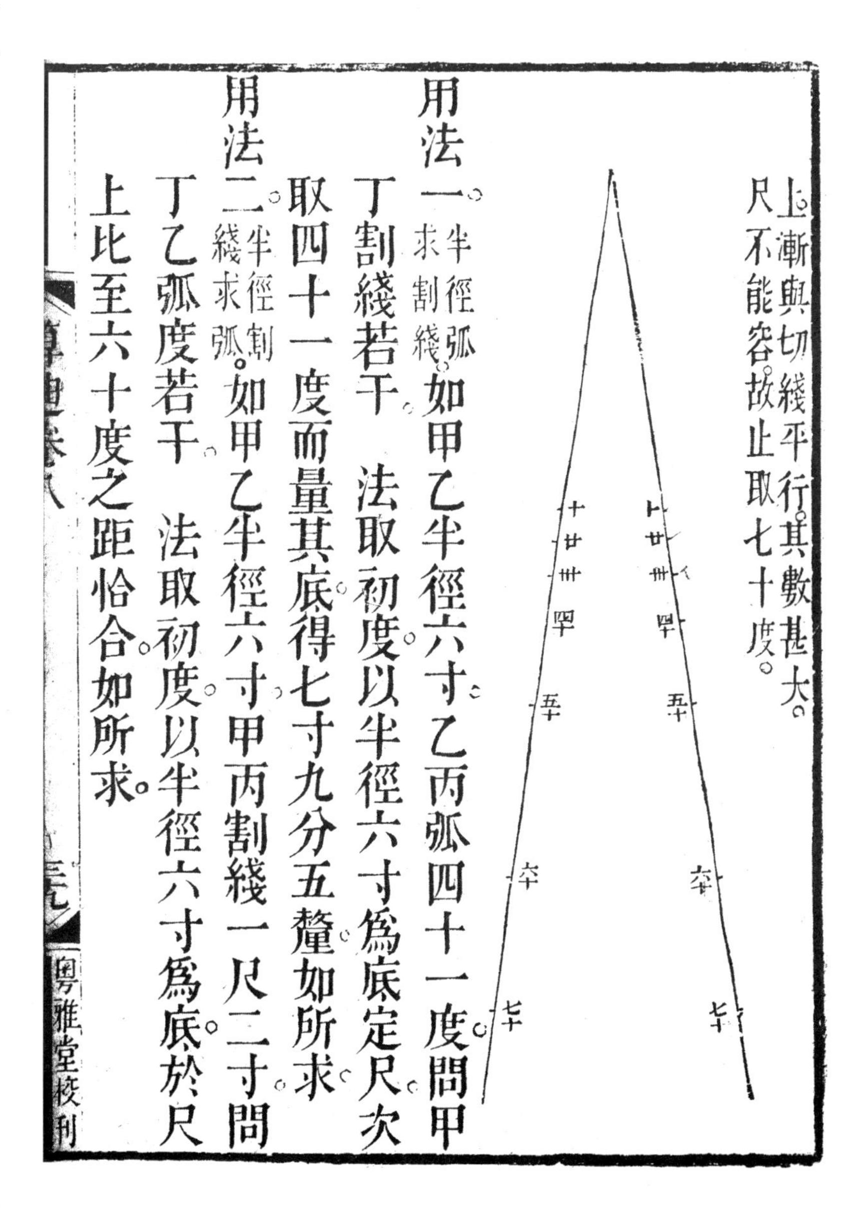

用法一。半徑弧求割綫。如甲乙半徑六寸。乙丙弧四十一度。問甲丁割綫若干。　法取初度以半徑六寸為底。定尺。次取四十一度而量其底。得七寸九分五釐。如所求。

用法二。半徑割綫求弧。如甲乙半徑六寸。甲丙割綫一尺二寸。問丁乙弧度若干。　法取初度以半徑六寸為底。於尺上比至六十度之距恰合。如所求。

用法二（弧割綫求半徑）。如甲乙弧四十四度半。丙丁割綫二十寸一分零三毫。問乙丁半徑若干。　法取四十四度半。以二十寸一分零三毫爲底。定尺。次取初度而量其底。得一寸五分。如所求。

一

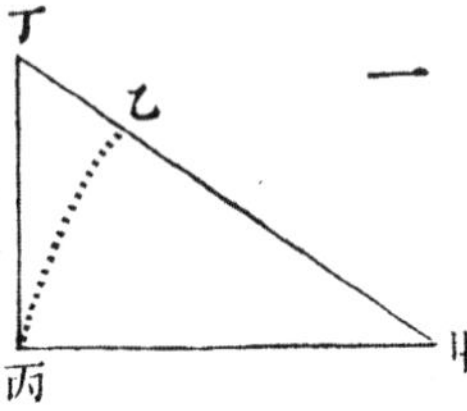

丁　乙　丙　甲

二

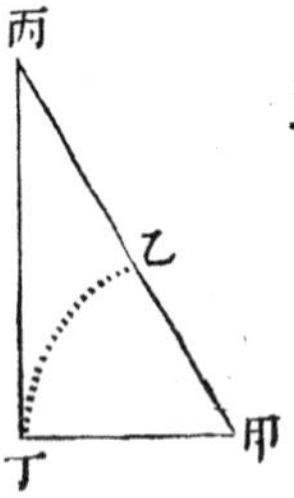

丙　乙　丁　甲

三

丙　甲　乙　丁

附定時刻法。（此下各條。有用切綫者。有用正弦者。由淺入深。以次相屬。不可割棄。故附於末。）

如欲作時刻綫以定早晚時刻。其法若何　法用本板作員規。分員周爲二十四限。（每日分十二時。每時又分初正刻。共二十四限也。分法取分員綫六十度。以木規半徑爲底定尺。次取十五度之底。卽十五度之通弦。以截員規得十五度之弧。爲一限。蓋員周三百六十度。以二十四限分之每限十五度。故十五度而得一限也。逐限註時刻於各時刻作綫會於員心。爲日影綫。如下圖。加每刻細分則以三度四十五分爲一限。

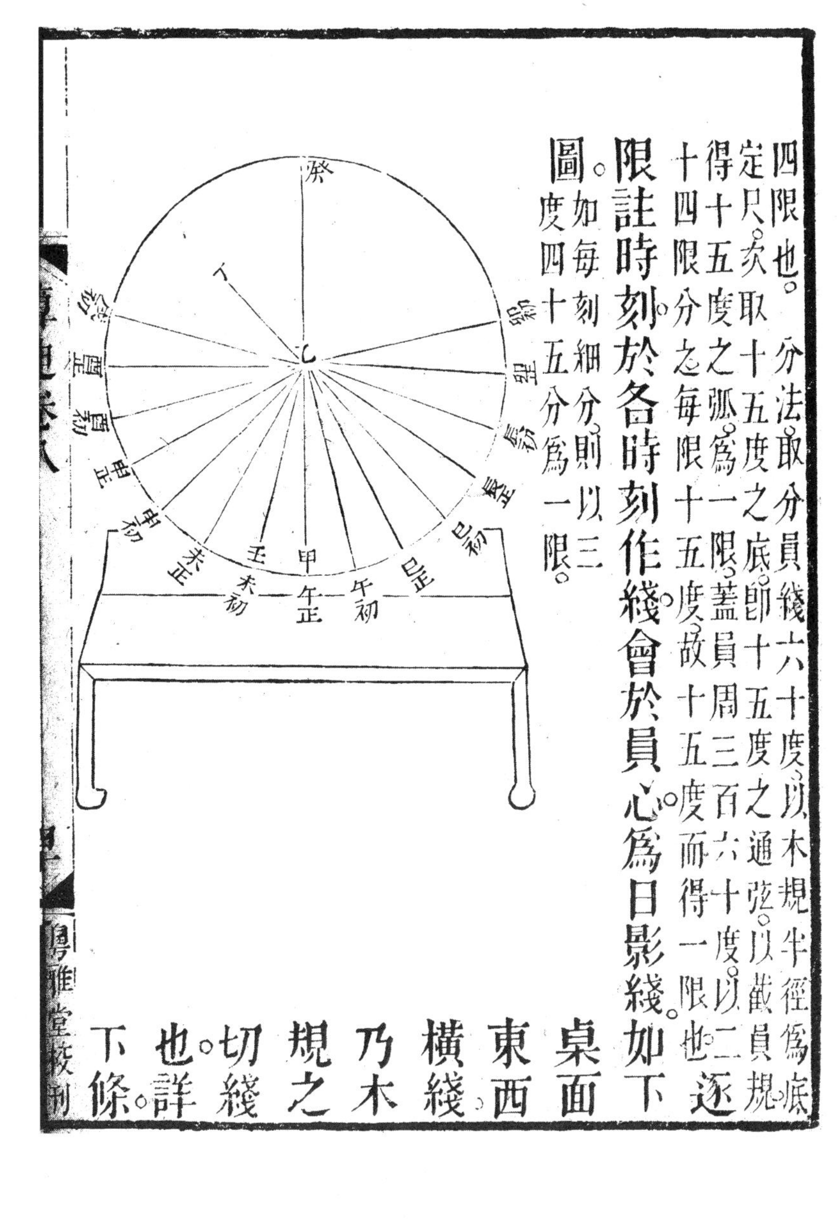

桌面東西横綫。乃木規之切綫也。詳下條。

於員心乙。鑽孔安一木表。丁乙上指北極表正形另繪後圖。乃橫放一桌於日下須極平桌面書一東西綫如木規之切綫立規於桌中。規面向北背向南酉指東卯指西卯乙酉綫亦如桌之平甲作筭安插桌中中經癸甲綫上指赤道如廣州府北極出地二十三度一十分。則赤道在天頂南二十三度一十分。用象限儀取其度。規照度斜立。則癸甲綫上指赤道矣日影加某限即爲某時刻。如日正中。則其晷影爲乙甲。加於午正限即是時爲午正刻。若日已昃。則晷影爲乙壬。加於未初限即是時爲未初刻也。

用象限取斜度立及安表之圖如左。

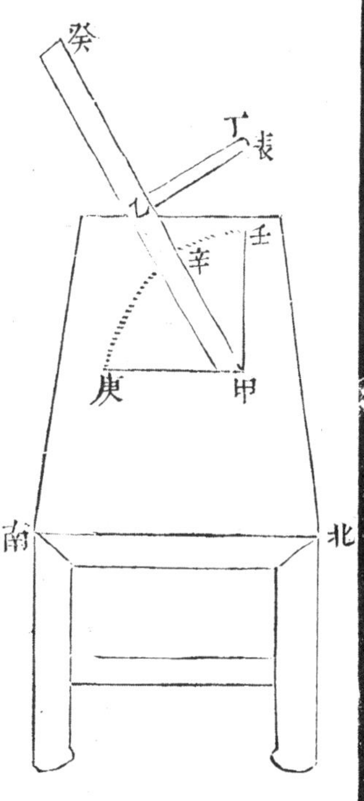

癸甲木規也。壬辛庚甲象限儀也。壬至辛二十三度一十分也。

作平面日晷法。亦照北極出地二十三度一十分算。下各條同。

問如無木規。但於桌面上作時刻綫。其法若何。法於桌面上作卯丙酉東西橫綫。及癸丙甲南北直綫。次畫一丙乙綫爲表。又畫一乙甲綫爲二分日影相遇如十字。此乙甲卽上條木規。乙甲半徑本斜立上指赤道。丙乙卽上條木規心所安之丁乙表引長透

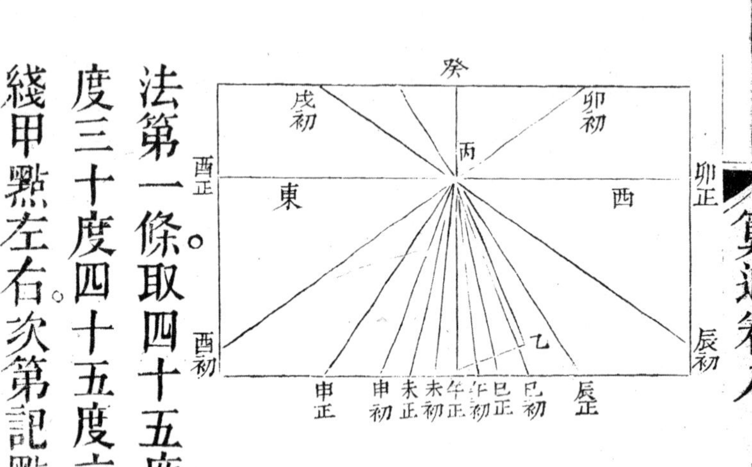

出規背者。但彼有木規可安。故安於規上。此無木規故安於桌面。亦本上指北極。下指南極。並以平繪。失其眞形。須點會。次以乙甲為半徑。卽上條木規半徑。於甲上畫一橫綫為切綫。此卽上條木規之切綫也。蓋此雖無木規。而無形之木規自在也。依比例尺正切綫用法第一條。取四十五度。以乙甲為底定尺。次取十五度三十度四十五度六十度七十五度各底度於切綫甲點左右。次第記點。卽得各時初正刻影界。乃從丙晷心作綫至各點上，卽成時刻綫矣。詳如圖。問表端乙乃爲晷心。觀上條木規圖甚明。此以丙爲晷心何也。曰。乙甲與丙乙如十字。乙甲爲赤道圈半徑。乙乃員心。乙丙如兩極軸綫。丙指南極。從南極視員心成一點。無二也。故丙與乙並可爲晷心。爲圖明之。

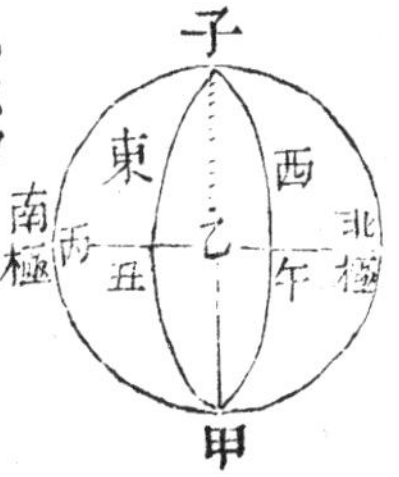

子午甲丑赤道圈也。

作立面日晷法。

問欲於向南壁上作時刻綫，其法若何。　法與桌面所作同，但於向南壁安表耳。圖如前。

問如於向東壁上作時刻綫，其法若何。　法於壁安乙甲表。上二條以乙丙爲表。此條以乙甲爲表。與壁面成正角。表不拘尺寸。

以指正卯位。次作甲丙垂綫及甲丁横綫。如十字。次以甲爲心。作丙丁九十度象限弧。內減赤道距天頂二十三度一十分。如丙戊。本以丙戊之對弧言。以相同。故言丙戊以代之。餘丁戊弧六十六度五十分。卽爲赤道距地平高度也

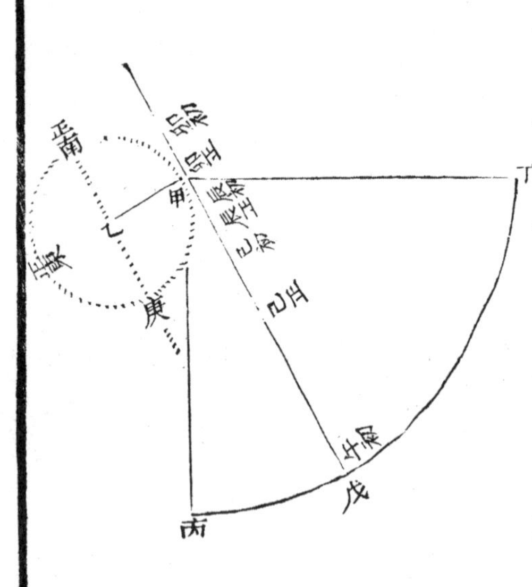

亦本言丁戊之對弧。以丁戊代。乃自甲至戊作甲戊赤道綫。以甲乙表長爲半徑。依比例尺正切綫用法第一條。比得十五度三十度四十五度六十度七十五度。

各切綫度於甲戌赤道綫作誌卽成時刻綫也。春秋分卯正日出正東與表對射故無影若向南若干度則影在戊甲綫北若干度至於正南午正則乙庚割綫與甲戌切綫平行故亦無影也并無影乙影不著切綫上也。若於向西壁上畫晷則以午初爲未初巳正爲未正巳初爲申初辰正爲申正辰初爲酉初卯正爲酉正卯初爲戌初餘俱與向東壁上畫晷法同

平面日晷作節氣綫法

問日午前則影西午後則影東此赤道與黃道同者也道雖異而時刻則同若日行赤道南則影北行赤道北則影南此黃道與赤道異者也則各節氣之影綫何以取

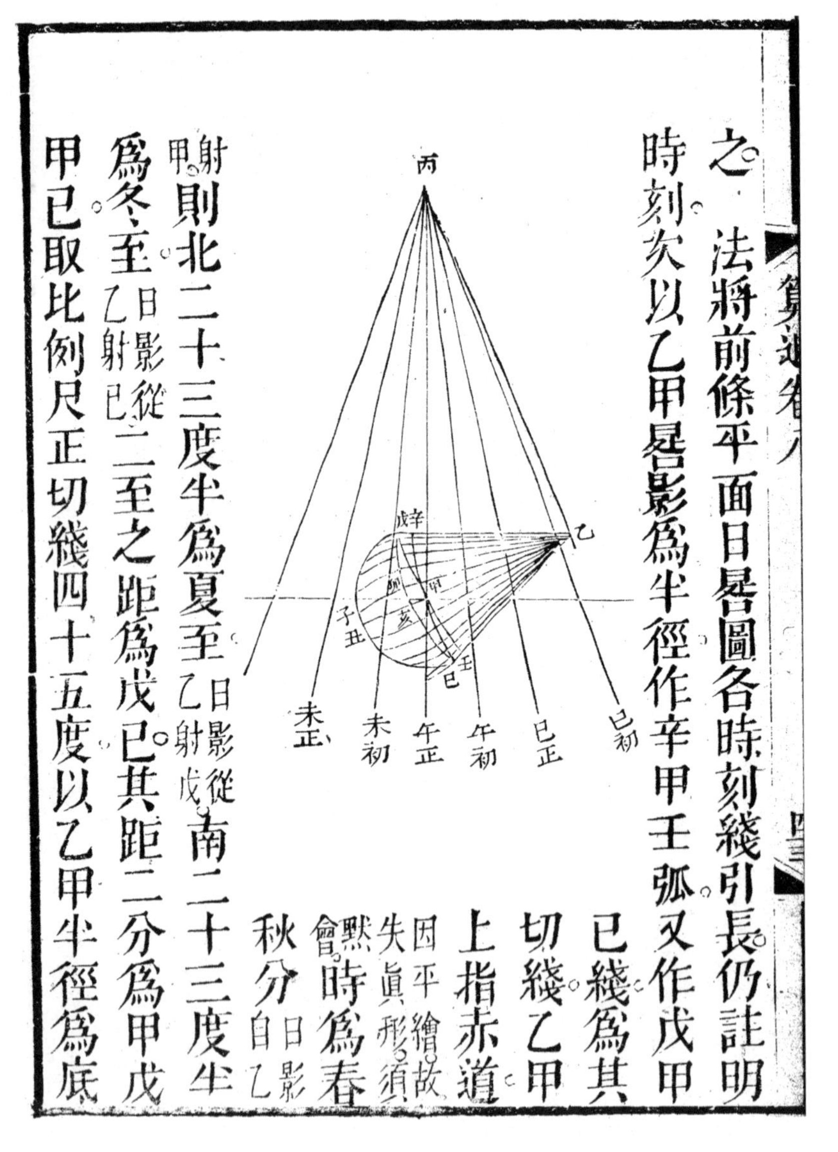

之○法將前條平面日晷圖各時刻綫引長仍註明時刻○次以乙甲晷影爲半徑作辛甲壬弧又作戊甲已綫爲其切綫○乙甲上指赤道○因平繪故失眞形須默會○時爲春秋分○日影自乙射甲○則北二十三度半爲夏至○日影從乙射戊○南二十三度半爲冬至○日影從乙射已○二至之距爲戊已其距二分爲甲戊甲已○取比例尺正切綫四十五度以乙甲半徑爲底

定尺。次取二十三度半之底。以爲甲戌及甲巳之界。又以甲戌爲半徑作戌丑巳半員依正弦綫用法一之第三條取九十度以半徑甲戌爲底定尺次取十五度三十度四十五度六十度七十五度各量其底得各弧度之正弦將半員分爲十二分記點爲界又以乙戌爲半徑作戌亥巳弧而依所分戌丑巳各點界作綫與甲丑平行以截戌亥巳弧界按戌亥弧即正弦篇用法一之第三條丙乙弧。乙戌半徑。即彼之丙甲黃道也。又自乙至戌亥巳各弧界作綫。截戌甲巳綫。戌甲巳綫。亦即正弦篇丙庚戌綫。但彼所交之各綫。乃日行之道。此所交之各綫。乃日照之影。爲不同耳。即得各節氣日影界。所以然者。以戌丑象限弧九十度正弦。即半徑甲戌。比戌亥分至距緯弧正弦亦即甲戊。蓋甲戊本爲辛甲弧之切綫。轉而爲戊丑九十度弧之半徑。又轉爲戊亥二十三度半弧之正弦也。若戊丑弧各節氣距二分度如清明距春分之子丑。之正弦與戊亥弧各節氣距緯如清明距赤緯之卯亥。之正弦也。蓋戊丑九十度象限之比例同於戊亥二十三度半弧之比例。故可用戊丑弧截戊亥弧。因即以截戊甲已綫。戊甲綫在戊亥弧爲正弦。而在辛甲弧爲切綫。則用正弦則如用切綫矣。於是又將自乙至各弧界所作綫。引長之。使與午正時刻綫相交。則其相交之各點。即午正各節氣之日影界也。最北一點乃冬至日影界。最南一點乃夏至日影界。以次爲各節氣

捷法用正切綫取二十三度半底。後隨取二十二度

四十分。二十度十三分。十六度二十三分。十一度三十分。五度五十五分。各底自甲左右點記戊巳綫上。乃從各點向乙作綫與前法合。問各度數從何取之。曰依八綫表以乙戊半徑爲一尺（八綫表半徑乃全數）檢查戊亥二十三度半弧之正弦。乃三九八七五。用之爲戊丑象限弧半徑是一尺。折爲三寸九分八釐七毫五絲也。次檢十五度之正弦二五八八二。照例折之（照三九八七五例。下倣此。）得一零三二。檢表即得戊亥弧之五度五十五分。又檢三十度之正弦五。照例折得一九九三七五。檢表即得戊亥弧之十一度三十分。餘可照查而得。又問此於辛甲弧何與。曰得戊亥弧正弦即得

辛甲弧正切也如下圖卯亥乃戊
亥弧之十一度半也其正弦卯辰
從卯向乙作割綫割戊甲綫於午
得午甲乃辛甲弧之十一度半申
甲弧正切也於是成大小兩句股 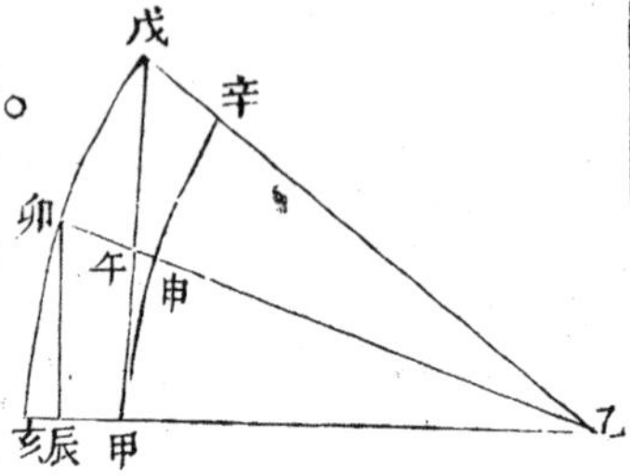
形法爲以乙卯比卯辰若乙午與午甲也故得戊亥
弧之正弦卽得辛甲弧之正切
若求未初節氣綫則將乙戊已三角併乙戊乙甲乙
已等十三綫及丙乙綫照式畫一圖又以乙甲爲半
徑取十五度（未初距午正也）正割度點記乙甲綫外爲乙辛
復將十三綫引長註明節氣置於上圖未初綫上以

此圖之丙。合於上圖之丙。以此圖之乙甲綫。外之辛

合於上圖未初綫之辛。辛乃未初綫與赤道相交之點。猶甲爲午正綫與赤道相交點也。乃於各節氣綫與未初時刻綫相交之處。作各

點誌之。卽得未初各節氣日影界。此蓋移午正綫上之乙戊巳三角於未初綫上也。餘倣此。

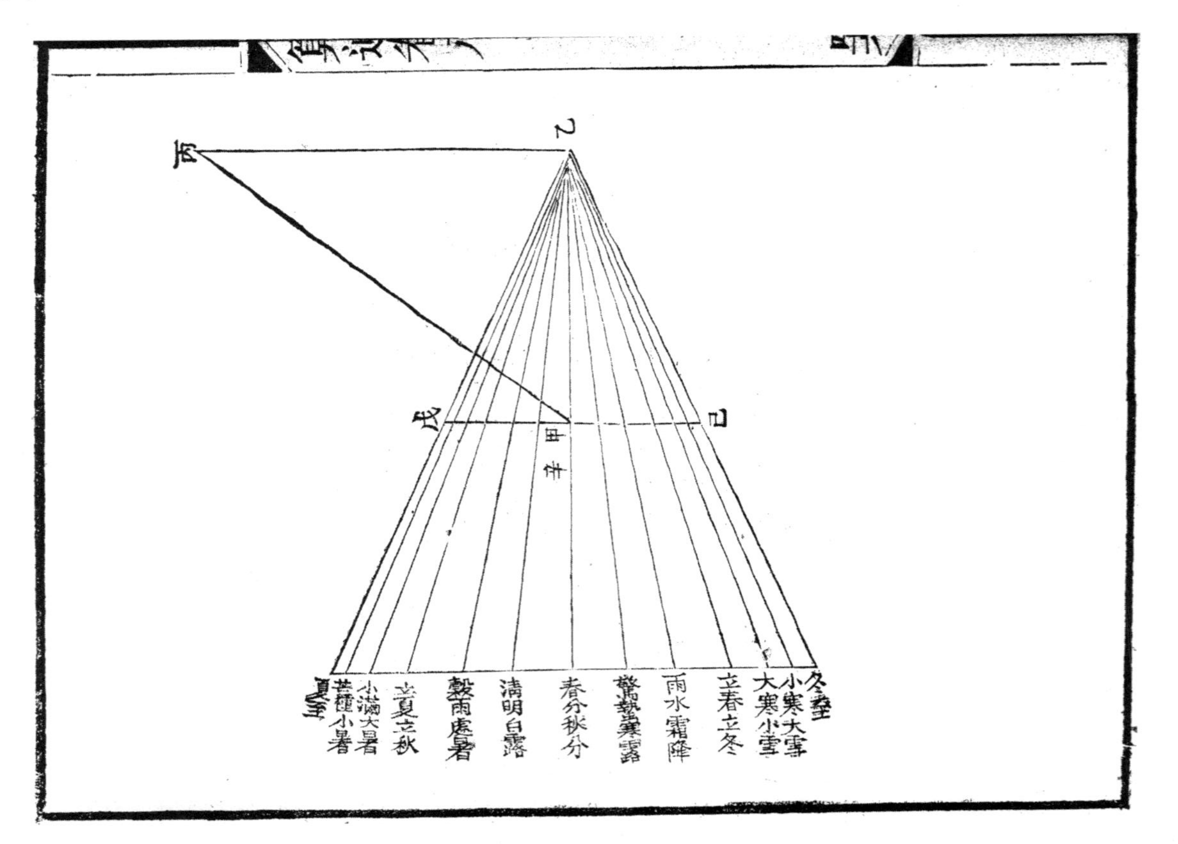
乙
丙
戊
甲
己
夏至
芒種 小暑
小滿 大暑
立夏 立秋
穀雨 處暑
清明 白露
春分 秋分
驚蟄 寒露
雨水 霜降
立春 立冬
大寒 小雪
小寒 大雪
冬至

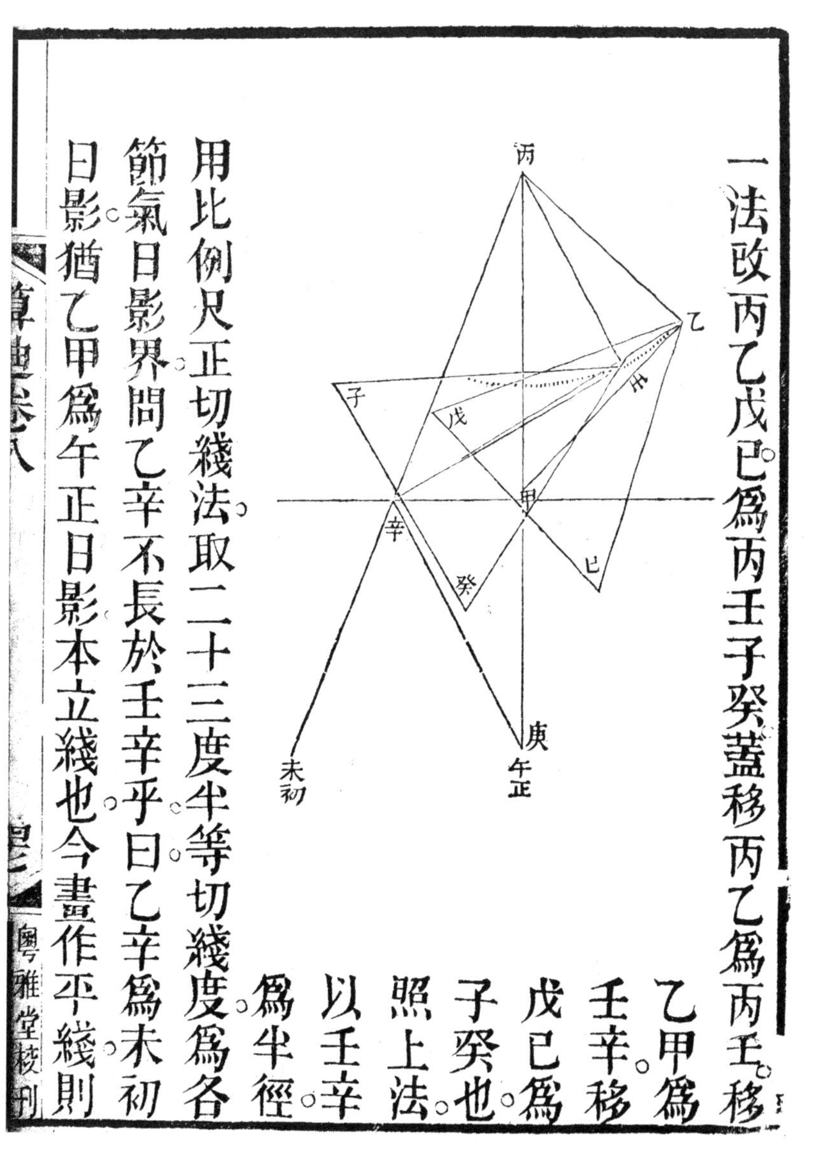

一法改丙乙戊己爲丙壬子癸蓋移丙乙爲丙壬移乙甲爲壬辛移戊己爲子癸也照上法以壬辛爲半徑用比例尺正切綫法取二十三度半等切綫度爲各節氣日影界問乙辛不長於壬辛乎曰乙辛爲未初日影猶乙甲爲午正日影本立綫也今畫作平綫則

其度不眞何者乙甲與辛甲如十字成乙甲辛句股形則乙甲股也乙辛弦也試照乙甲度截午正綫自甲至庚則甲庚即乙甲股復從庚作斜綫至辛則辛庚即乙辛弦是辛庚乃乙辛眞度也今照庚辛度取壬辛以爲乙辛眞度則乙辛之長乃假長耳乙辛既移爲壬辛則丙乙亦移爲丙壬　移法以丙乙爲半徑運規作員而照庚辛度作壬辛綫切於員邊之壬因自壬向丙作丙壬綫則丙壬必等丙乙蓋皆爲運員之半徑也其餘時刻綫各節氣日影界倣此

立面日晷作節氣綫法

如欲於向南壁所作時刻綫上作節氣綫間其法若

何。一法照前條但改南北爲上下耳。蓋上條乃平面日行赤道北則影在南行南則影在北此乃立面日行赤道北則影在下行南則影在上也

問欲於向東壁所作時刻綫上作節氣綫其法若何

法倣上條以乙甲表（上二條以乙丙爲表。此條以乙甲爲表。）爲半徑作戊甲已切綫用比例尺正弦綫比得二十三度三十分二十二度四十分二十度十三分十六度二十三分十一度三十分五度五十五分之各切綫度於甲左右作誌即得卯正各節氣日影界

如求卯初各節氣影界則於卯初綫與赤道相交處作點從乙至點作晷影綫爲半徑（此如上條取未初節氣綫之用壬辛）

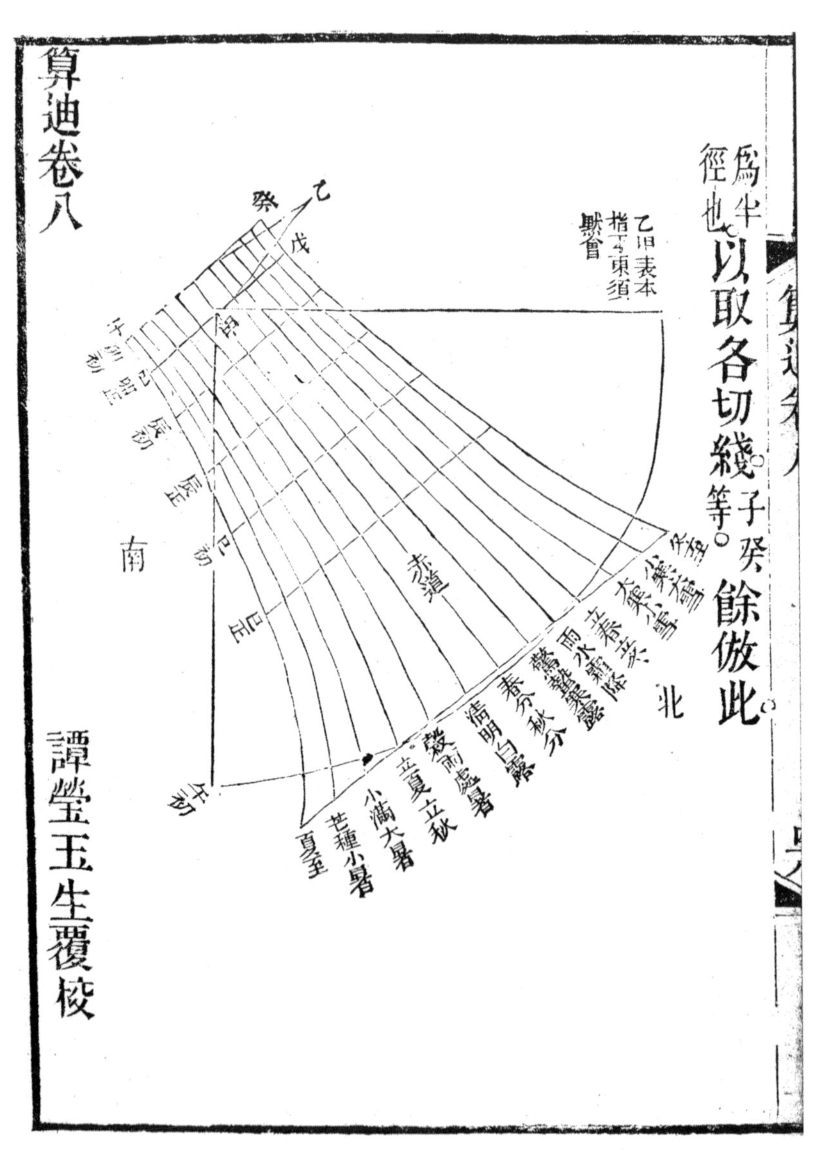
算迪卷八
為半徑也。以取各切綫等。子癸餘倣此。
乙 甲表本指午須頭須點會
乙
癸
戊
北
南
赤道
冬至
小寒大雪
大寒小雪
立春立冬
雨水霜降
驚蟄寒露
春分秋分
清明白露
穀雨處暑
立夏立秋
小滿大暑
芒種小暑
夏至
辰初
辰正
巳初
巳正
午初
譚瑩玉生覆校

右算迪八卷　國朝何夢瑶報之撰按先生事蹟具見阮通志及粵臺徵雅錄等書其所著已刻者有匊芳園詩鈔莊子故賡和錄制義焚餘醫碥婦瘧嬰三科輯要傷寒論近言胡金竹梅花四體詩箋大沙古蹟詩各種未刻者有匊芳園文鈔詩續鈔皇極經世易知紺山醫案針灸吹雲集方程論篡移橙閒話秋肏金錢隘紀聞羅浮夢㸐金盒紫棉樓樂府各種　國朝二百年來粵人論撰之富博極羣書兼通藝術無踰先生者算迪自序亦見匊芳園文集故阮通志南海新志藝文畧載焉而與是書詳畧稍異先生曾删訂算法統宗及輯梅定九朱吟石兩家之書共爲四卷繼復鈔撮數理精蘊得八卷合爲一書故共得十二

卷今是書祇八卷而第一卷因乘併減祇錄筆算籌算數條於珠算之乘除口訣及定位諸法缺如則必以舊纂四卷已詳言之故不復贅是此八卷爲續纂之本無疑而序稱合爲十二卷是復有舊纂四卷方足原書卷數殆未完之帙也又卷二目錄方程下註云詳方程論纂卷三測量下註云詳三角舉要纂是測量法亦原本所無今既補入亦應求方程論纂補入而因不可得特刪去詳三角舉要纂六字勿致兩歧又測量下亦當有句股測量三角測量兩子目以原書如是姑仍之是書爲曾勉士廣文影鈔藏本廿年前與吳石華廣文欲醵金付梓囑江鄭堂上舍序焉而終不果舊借鈔存爰囑鄒特夫茂才譚玉生廣文校

畢壽之梨棗聞先生遺書業多散失舊纂四卷殆不可問

俟購求之丙午長至後三日後學伍崇曜謹跋

算迪跋　二